ドラえもんを本気でつくる

大澤正彦
Osawa Masahiko

PHP新書

はじめに

私の夢は、ドラえもんをつくることです。

この言葉を聞いて、どう思われるでしょうか。

あまりに突拍子《とっぴょうし》もないことに、笑ってしまったでしょうか。

もしそうだとしても、当然のことです。

「そんなの無理に決まっている」と、反感をもたれるでしょうか。

それもまた、当然のことです。

実際に私がこの夢を語ると、多くの人は鼻で笑います。

「ドラえもん……ですか？」と。

最初から真剣に話を聞いてくれる人なんて、めったにいません。でも、それは当然です。

こんなにも子供じみたことを、大人が真剣に言いだすのですから。

子供じみた夢なのは、これが実際に私が子供のころにもった夢だからです。その夢を、大人になってもずっともちつづけてきました。

　正確にいつからの夢なのかは、自分でもわかりません。記憶がないくらい前、少なくとも小学校に入るよりは前だったはずですから、二十年以上、ドラえもんをつくることをめざして生きていることになります。

　ただ、この夢を人前で口に出せるようになったのは、ここ五年ほどのことでした。夢を語って笑われるのは、小さいころもいまも変わりません。ですが、小さいころの自分にとって、「夢を笑われる」という体験はとても強烈なものでした。

　ドラえもんをつくりたい、と口にすると、まわりの大人はみんな「がんばって」と言ってくれました。ただし、決して本気にされていないことはよく伝わってきました。「がんばって」という言葉の裏にあったのは、子供ながらにもわかる「嘲笑《ちょうしょう》」でした。幼い日の自分は、その嘲笑に耐えられず、かといって大人を見返す術《すべ》ももっておらず、いつしか自分の夢を隠すようになっていきました。

　それからおよそ十五年、自分の夢は、自分のなかの奥底にずっとしまいこんだまま外に出すことはありませんでした。気がつけば、いつしかドラえもんを見ることすらも嫌になっていました。自分がドラえもんを大好きだということまで忘れていたのです。

それでも、ドラえもんをつくりたいという夢は、自分のなかから消えてくれませんでした。記憶がないくらい前からもちつづけてきた価値観は、もはや私にとって、生まれつきもっていたようなものです。ご飯を食べたい、眠りにつきたいというのと同じように、「ドラえもんをつくりたい」と思っていたのです。

つくりたくてつくりたくてしかたがないのに、つくれなくて、つくる術がなくて、でも夢は変えられない。悔しくて、苦しくて、それが数年前までの自分でした。

でも、いまは違います。

もう笑われても、無理だとばかにされても、「ブランディングだ」「ちょうどいいメタファーを見つけたよね」「ハッタリだ」「妄想が激しい」「お金を集めるためのつくり話だ」とか、そのほかもろもろどんなにひどいことを言われても、「ドラえもんをつくる」と言いつづけられるようになりました。

なぜ、そうなれたのか。少しのあいだ、読者のみなさんにおつきあいいただき、説明してみたいと思います。

二〇二〇年一月　大澤正彦

目次

ドラえもんを本気でつくる

第2章 ドラえもんはこうしてつくる

第3章　ミニドラのようなロボットを、みんなで育てる

第4章 仲間とつくるドラえもん

第5章 HAIのテクノロジーが日本から世界へ

序章
人を幸せにする心をもった存在

ドラえもんとは、どんな存在か？

みなさんは、ドラえもんに対して、どんなイメージをもっているでしょうか。「便利な道具をポケットから出してくれる」「未来からきたロボット」「のび太の友達」など、さまざまなイメージをもっていると思います。

私がドラえもんのどのような側面をもっともつくりたいと思っていたか、をふりかえると、「のび太を幸せにする、心をもった存在」という部分ではないかと考えています。

のび太は、勉強ができず、失敗ばかりで、ジャイアンやスネ夫からいつもいじめられています。そんなのび太のそばにいて、のび太の気持ちをわかって助けてくれる。そんな存在をこの手で生み出したい、と思っていたのです。

漫画「ドラえもん」は、一九六九年十二月に発売された、一九七〇年一月号の学年誌（『よいこ』『幼稚園』『小学一年生』『小学二年生』『小学三年生』『小学四年生』）から始まりました。二〇一九年から二〇二〇年にかけて、ちょうどドラえもん誕生五十周年にあたります。

これを記念して、さまざまな取り組みやイベントが開催されています。二〇一九年十一月末には、二十三年ぶりの新刊である『ドラえもん0巻』（小学館）が刊行されました。

これを見ると、一九六九年十二月号に「正月号から新れんさい」という予告が出されています。予告には、机の引き出しから何かが飛び出してくる絵が描かれていますが、ドラえもんの姿は描かれていません。

また、収録されている「ドラえもん誕生」物語には、作者の藤子・F・不二雄先生が新連載の締め切り前日なのに、主人公のイメージさえ思い浮かばず、焦っている状況が出てきます。それなのに眠ってしまい、締め切り当日の朝を迎えても何もアイデアが出てこなくて大焦りします。

そして、苦しまぎれに思いついたのが、ドラえもんでした。「頭の悪いぐうたらな男（藤子・F・不二雄先生ご自身のこと）」を助けてくれるロボットがいたらいいなと思い、それをヒントに、「頭の悪いぐうたらな男の子」を助けるためにやってきたロボットとして、ドラえもんを思いついたのです。

この誕生秘話を見ても、ドラえもんはぐうたらなのび太を助けて、のび太を幸せにするロボットという側面があるのかな、と感じます。

『ドラえもん学』（横山泰行著、PHP新書）という本がありますが、そのなかでは、「ドラえもん」の主人公はのび太と書かれています。実際にコミックのなかでは、登場しているコマ数も発言回数も圧倒的に多いのは、のび太です。そののび太に、いつもドラえもんはとことん向き合ってくれます。

私がつくりたいのはドラえもんそのものであり、そのすべてです。しかしながら、同時にすべてには着手できないなかで、現在、自分が大切に思っている側面から順に取り組んでいます。

まさに、目の前にいる一人ひとりに、とことん向き合うロボットを実現することです。そんなロボットをみんなの手に届けることができれば、ドラえもんをつくることはただの自己満足ではなく、多くの人の幸せにつながるのではないかと思っています。

私がいつからドラえもんをつくりたいと思っていたのかについては、「はじめに」でも書きましたが、正直なところ、まったく覚えていません。気づいたときには、ドラえもんのことを大好きになっていて、ドラえもんをつくりたいと思っていました。少なくとも、二十年以上はドラえもんをつくるために生きています。

私は、小さいころに自分がドラえもんが大好きだったことを忘れてしまっていたのですが、あるメディアからインタビューを受けたとき、母に、「ぼく、子供のころからドラえ

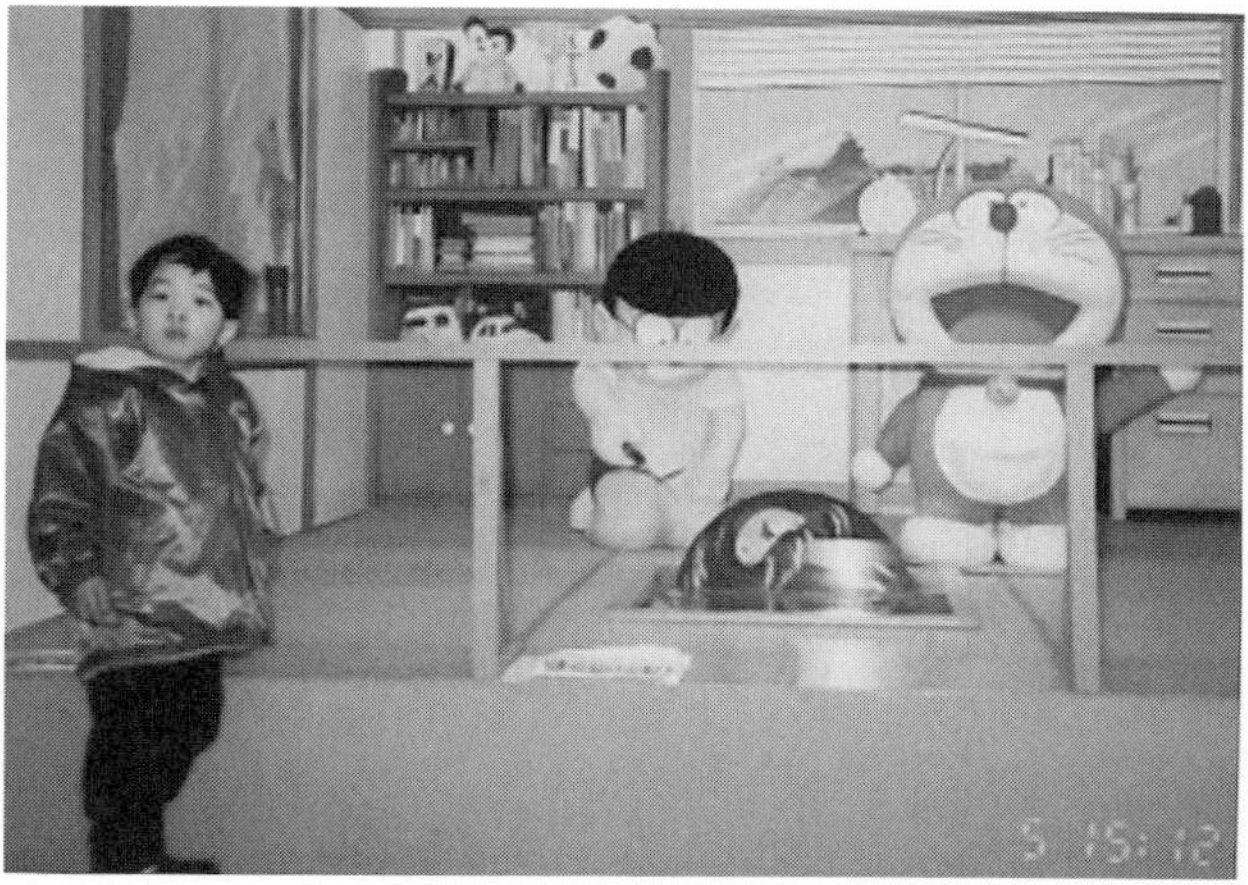

幼少のころの著者

もんが好きだった？」と聞いてみたところ、「何言ってるの。大好きだったじゃない」と一蹴《いっしゅう》されました。

聞けば、小学生のときに家族で旅行した折、宴会場にいるみんなの前でドラえもんの歌を歌ったそうで、それが私の人生初カラオケだったといいます。

両親以外にも、私の幼少期を知る方に話をうかがってみると、「自分がドラえもんをいかに好きだったか」という証拠がどんどん出てきました。たとえば、小学二年生からお世話になっているピアノの先生がいて、いまだに交流がありますが、じつは、私は小さいころ、この先生のすすめで子役の声優の仕事をしていたのです。きっかけは、ドラえもんの歌を歌ったテープをつくったことだったそうです。

覚えているのは、子供のときに「ドラえもんをつくりたい」と言って、大人から笑われたことです。かなり傷つきました。それが悔しくて、夢を口にすることも、ドラえもんを見ることすらもだんだんと嫌になっていき、避けるようになっていったのです。

当時は、笑われても見返すだけの術をもっておらず、言い返せないから、ふてくされるしかなくて、いじけていました。その結果、ドラえもんが好きだった事実すら忘れてしまっていたのです。

でもいまは、ドラえもんを実現しうる道を、みずから切り開く自信があります。人工知能（AI）や神経科学、認知科学を勉強して、そのための知識や技術を身につけました。信頼できる仲間もたくさんいます。

ドラえもんは、人を幸せにするイノベーションを起こす

私は、「目の前で困っている人を助けたい」という気持ちは強いのですが、「世の中全体をよくしたい」という欲求はほとんどありませんでした。それが、私自身のコンプレック

スでもありました。

ときどき、こんなふうに言われます。

「目の前の人を助けることばかりにとらわれていると、世界を大きく変えることはできない。目の前の人を助けたいという気持ちがあるんだったら、目の前の人にとらわれるのをやめて、もっと世界全体を見て、世界をよくすることを考えろ」と。

私は、「目の前の困っている人を放っておくくらいなら、自分が世界を変えなくてもいい」と思っていました。

もちろん、社会全体をよくするべきだという考え方は理解できます。理解できるからこそ、自分にとってのコンプレックスだったのです。

目の前の人と向き合い、目の前の人を助けることを一生懸命にやっても、社会全体をよくすることはできないのではないかと言われると、もどかしさを感じずにはいられませんでした。

私は、ドラえもんがその解決策になると考えています。

ドラえもんは、のび太にとことん向き合って、のび太という一人だけを幸せにするロボットです。たった一人しか幸せにできませんが、ロボットですから、たくさんつくることができます。ドラえもんというロボットができれば、目の前の人にとことん向き合い、目の前の人を助けるということがスケールしはじめると思うのです。

これは、人を幸せにする方法にイノベーションを起こすはずです。

資本主義経済である現代社会において効果的な方法論は、世の中をよくした結果として人を幸せにする、「トップダウン式」といえると思います。世の中の仕組みを変えた結果、多くの人が幸せになるという考え方です。

ただ、これは、平均を見れば幸せになっているかもしれませんが、一部には世の中の仕組みが変わって不幸になる人がいることに、どうしても私はもどかしさを感じます。

ドラえもんができたあとの社会において効果的な方法論は、人を幸せにした結果として世の中がよくなる、「ボトムアップ式」といえると思います。ドラえもんとともに人類が一人ひとりを幸せにしていき、幸せになった人びとが自然によりよい世の中をつくれるようになっていく、という考え方です。

ただし、「いつか」ドラえもんができたときに多くの人が幸せになる、というのでは遅いと思っています。ドラえもんをつくる営みのなかで、人を幸せにすることを実現していきたいのです。たくさんの人にドラえもんづくりにかかわってもらい、ドラえもんづくりのプロセス自体が多くの人の幸せにつながるようにしたいと考えています。

ドラえもんは、AI開発をいい方向に導く

私は一九九三年生まれですが、この年に映画「ドラえもん のび太とブリキの迷宮」が公開されました。九二～九三年の『月刊コロコロコミック』に掲載された作品が映画化されたのです。

この映画では、技術開発がどんどん進んでいき、さまざまな発明のおかげで非常に楽な生活ができるようになった社会が描かれています。発明が進み、発明をするロボットまで発明すると、人間は発明をすることすらしなくなって、放っておいてもどんどん生活が楽になる世の中になりました。

ところが、大きな問題が起こりました。発明したロボットが人間に対して反逆を起こし、人間を支配しはじめたのです。

偶然、その世界に迷い込んだのが、のび太とドラえもんです。その後、彼らがどんな活躍をするかはぜひ映画を見ていただきたいのですが、三十年近く前に、現在とほぼ同じよ

うな状況が繰り広げられていることに驚きます。

二〇二〇年のいま、AIの知性が人間を超える「シンギュラリティ」（技術的特異点）というものが議論されています。この言葉とともに、とくに頻繁に想像される未来が、「AIが人間を支配するのではないか」ということです。

映画「ドラえもん のび太とブリキの迷宮」が公開された当時は、現在のような技術はまったく開発されていないのに、想像力だけで現在のシンギュラリティにおける議論と同じことが映画のなかで危惧されていました。

約三十年間で技術は大きく発展していますが、人間の想像力は、当時からほとんどアップデートされていません。そんな私たちが、およそ三十年先の未来を想像して怯《おび》えているわけです。

よく「シンギュラリティが〝起こる〟」という言い方がされますが、技術革新というのは、人間が〝起こす〟ものです。シンギュラリティが聞き慣れない言葉であるため、未知のよくわからないものというイメージになり、「シンギュラリティはなんとなく怖い」という意識が生まれます。

「技術革新」が「シンギュラリティ」という言葉になったとたんに、自分事ではなくなって、受動的なとらえ方になっているようです。受動的になるのではなく、いまこそ、本気で未来の技術と向き合う必要があると思います。

ＡＩには、いいイメージと悪いイメージの両方がありますが、それは、ＡＩがいい方向にも、悪い方向にも進みうるからです。どちらにも進みうるのですから、いい方向に向かうためには何をすればいいかを能動的に考えるべきです。

藤子・Ｆ・不二雄先生は、いい未来のイメージを世の中に出してくれました。このイメージを大事にして、みんなで共有しながら、ドラえもんの開発を進めていきたいと思っています。

第1章
現在のＡＩはどこまでできるのか？

ドラえもんはＡＩか？

「ドラえもんはＡＩですか？」

こういう質問を受けたときに、私は「イエス」と答えることもありますし、「ノー」と答えることもあります。それは、ＡＩのイメージもドラえもんのイメージも人によってまちまちで、質問の意味がてんでんばらばらだからです。

工学系の研究者の方と会話をして、「ドラえもんはＡＩですか？」と聞かれたら、「イエス」と答えることが多いです。というのも、「あなたの研究テーマはＡＩですか？」という意図の質問であることが多いからです。

ただ、この場合、たんに機械学習（コンピュータがたくさんのデータから自動的に判断基準や適切な行動を獲得していくこと）技術をＡＩと呼んでいることが多いかもしれません。もちろん、ドラえもんが本質的に機能するためには、機械学習技術が不可欠ですし、ドラえもんのなかには、機械学習をはじめとした知的工学の集大成のようなものが入るはずだと考えています。

加えて、工学系の方には、AIという言葉に「支配されそう」などのネガティブなイメージをもっていない方が多いのも、「イエス」と答えやすい要因です。

一方、研究を離れ一般論として「ドラえもんはAIですか？」と聞かれたら、「イエス」とは言いがたい面があります。AIと聞いただけで、前述のネガティブなイメージと結びつきやすく、私が伝えたいイメージから遠くなりがちだからです。

現在、研究されている機械学習などの技術だけでは、みんなが思い描くドラえもんにはたどり着けませんから、まずはドラえもんというイメージの部分をお話ししています。

さらに、ドラえもんは、のび太と心が通じ合っています。

現在は、機械学習技術のなかでもディープラーニング（深層学習）が高い性能を発揮し、日々発展を続けており、AIの代名詞的な位置づけとなっています。しかしながら、心が通じ合うという部分は、現在のディープラーニングの技術の発展をただ待つだけでは実現困難だと私は考えています。

この点は実際、研究者のなかでも大きく意見が分かれている部分ですが、私の立場はディープラーニングによるデータ処理を繰り返す以外にブレイクスルーとなる技術があるのではないか、といったところです。

心理学や認知科学では、「人間と人間がどうやって心を読み合っているのか」という理論が多く研究されています。しかしながら、この研究成果を工学的に応用する研究が実用レベルにあるかと問われると、そうとはいえない状況だと思います。

とくにＡＩと呼ばれる研究では、ＡＩの中身となる技術にばかり注意が向きがちですが、外側にある環境や他者を含めた全体のシステムをどうデザインするのか、それを考えないと、のび太と心が通じ合うドラえもんはつくれないのではないでしょうか。

ＡＩの定義

そもそも、ＡＩの定義そのものがはっきりとしていません。

研究者のあいだでも、ＡＩの定義は明確になっていないのです。なので、研究者以外の方が「ＡＩっていったい何だろう」と感じるのは、不思議なことではありません。

コンピュータで自動化されたものが、すべてＡＩだと思われていることもあります。ただ、その多くの部分は、決められている手順に沿って処理するプログラムであり、コンピュータがつくられた当初からあるものです。ＡＩの定義がはっきりとしていないため、昔からあるプログラムがＡＩだと思われているケースもあります。

研究者の場合は、未知の技術をＡＩと呼び、すでに確立された技術はＡＩとは呼ばない傾向があるように思います。

たとえば、コンピュータが画像を認識して、「これは人」「これは自動車」「これは建物」など自動的に識別する技術は、以前はＡＩと呼ばれていたそうですが、技術が確立されて以降は、研究者は「画像認識」と呼んでいます。

また、文書を処理できるシステムをＡＩと呼んでいたころもあるそうですが、アルゴリズム（プログラムの仕組み）が確立されるにつれて、研究者は「自然言語処理」と呼ぶようになりました。

「ＡＩ」という旗の下に研究が進んでいくのですが、技術が確立されるとＡＩとは呼ばなくなり、別の名前に変わります。

つまり、専門家たちは、まだ見ぬ未知の技術だけをＡＩと呼んでいるともいえるのです。専門家がそうした状態であることも、ＡＩのイメージをわかりにくくしているのかもしれません。

未知の技術だけをＡＩと呼ぶのは、人間が、自分たちの知能や知性というものに誇りをもっているからではないかと思います。

知性の仕組みが研究によって説明されてしまうと、「この程度の仕組みのものは知性とはいえない」という気になります。そして、自分たちはもっと高度なことをやっているという思いが出てきます。

人類は知性というものに特別な思いをもっているため、ちょっとやそっとの原理では納得がいかないのでしょう。AIの仕組みの最先端に触れやすい研究者にとっては、知性のハードルがどんどん高くなっているのかもしれません。

逆に、現在の技術の中身を知らない一般の方からすると、どれもが未知の技術であるためAIだと思う、ということもあるのかもしれません。非現実的なようですが、もし、仮に多くの方が現在の技術について理解できることがあれば、AIに対する過度な恐怖や期待を抑えられると思います。

コンピュータの誕生で一回目のAIブームが起こった

現在まで「AI」という名の下に進められてきた研究で実現したことや、いまだ課題として残されていることについて整理しておきます。

ＡＩブームは、私が生まれる前のことも含めると、これまでに三回あったとされており、いまが三回目のブームといわれています。

一回目のブームは、一九五〇～六〇年代です。

一九五〇～六〇年代には、コンピュータというものができて、世の中に広がっていきました。コンピュータは「人の知性を代替するものになるのでは？」という期待が高まります。

コンピュータという新しい道具の誕生で、ブームは非常に盛り上がりましたが、結局は、遊びのプログラム程度しかつくることができませんでした。

アルゴリズムさえしっかりと記述すれば自動化はできるのだけれども、そのアルゴリズムはあくまでも人間が考えたもので、コンピュータは人間がつくったアルゴリズムどおりに動くだけでした。

結局、「知能があるのは人間側であって、コンピュータは指示どおり動いているだけじゃないか」という結論になり、コンピュータはＡＩにならないという失望感が広がって、ブームは終わりました。

知識をひたすら書き込んだ二回目のAIブーム

二回目のＡＩブームは、一九八〇年代です。

「知識をひたすらコンピュータに入れつづければ、人並みの知性を再現できるのではないか」という期待が高まり、当時、「エキスパートシステム」というものが流行しました。エキスパートシステムは、コンピュータに大量の知識を入れれば、人間以上の能力を発揮するのではないかという仮説に基づいてつくられたシステムです。

当時、実現した一例として、医学知識をコンピュータに詰め込むことで生まれた、病気の診断システムがあります。医師が問診をするようにコンピュータが次々と質問をしていき、患者さんがそれに答えると病名が診断できるというものです。

実際につくってみると、専門医にはおよばないものの、研修医よりはあたるといったレベルにまで到達したそうです。当時の技術が活用された有名なツールとして、「アキネイター」というプログラムエンジンがあります。質問に答えていくと、自分が思い描いているキャラクターや動物をあてられる、というものです。

では、私があるキャラクターを思い描いて、「アキネイター」であてられるかどうか試してみましょう。

アキネイター「女性ですか？」
私「いいえ」
アキネイター「ユーチューバーですか？」
私「いいえ」
アキネイター「物語の主人公ですか？」
私「はい」
アキネイター「名前が作品のタイトルになっていますか？」
私「はい」
アキネイター「人間ですか？」
私「いいえ」
アキネイター「ロボットですか？」
私「はい」

アキネイター　「五人グループの一人ですか？」
私　「いいえ」
アキネイター　「騎士に守られていますか？」
私　「いいえ」
アキネイター　「猫と関係がありますか？」
私　「はい」
アキネイター　「ドラえもんですか？」
私　「はい」

計九個の質問で、ドラえもんが出てきました。「アキネイター」のなかには、たくさんの知識が書き込まれています。それらの知識をもとに、ドラえもんが導き出されたのです。

仮に一〇個目の質問で「ドラえもんですか？」と聞かれて、私が「いいえ」と答えたとすると、ふたたび別の質問が出てきます。

正解が導き出されるまでにいくつも質問が出てきますが、最終的に答えがあたらなかったときには、

「答えは何でしたか？」

「何か、いい質問を考えてください」

といったメッセージが出て、知識を集める仕組みになっています。

「アキネイター」でドラえもんを想定して試された回数は、延べ九八万回以上。ドラえもんのプレイ回数は極端な例かもしれませんが、そのくらいの大量のデータが入っていれば、九個くらいの質問でドラえもんをあてることができるというわけです。

みんながプレイしてデータを書き込んでいけばいくほど、より確実にドラえもんをあてることができます。

このような仕組みで、「熱は三八度以上ですか？」「のどが痛いですか？」といった質問をしていけば、「あなたはインフルエンザです」という答えが出てくる問診システムをつくりあげることが可能、ということでした。

エキスパートシステムは、完成すればかなり実用性があるシステムです。ただし、大量の知識を書き込まないとつくることができません。

たとえば、歩く、走る、小走りする、食べるといった概念を定義するわけです。概念をコンピュータに理解させるために知識をどんどん書き込んでいったのですが、あらゆる概念を書ききることはできず、失敗に終わりました。あらゆる知識を書き込んでいくことには、やはり無理があったのです。

最終的に、「人間がコンピュータに知識を教え込むことは無理だ。コンピュータが自動的に知識を獲得してくれないと実用化できない」という結論になり、研究はいったん終息しました。

人間に近い識別ができるようになった三回目のAIブーム

二回目のAIブームから三十年ほどたち、自動的に知識を獲得できる技術ができました。それが、ディープラーニングの技術です。大量のデータと大量の計算機資源を用意すれば、集めたデータセットからコンピュータが勝手に知識の構造を学習するというものです。

人間が知識を書きつづけなければならないという問題が一気に解決されて、データさえ集めれば人間を超えるものができるのではないか、という期待が広がっています。知識の記述と違って、データを集めること自体はインターネットを通して自動的かつ大量に行えますから、まさにビッグデータ時代とぴったり嚙《か》み合ったのです。

この動きが注目されはじめたのは、二〇一二年です。この年に大きなブレイクスルーがありました。精度の高い画像認識技術が登場したのです。

当時の画像認識分野では、コンピュータに画像を入れて、猫、花、人間などを識別する画像認識コンペティションが、毎年行われていました。

二〇一一年までは、画像認識の精度は最高レベルのものでも誤答率が二六〜二七パーセントでした。その年のコンペティションで一位になった手法が前年の一位の手法よりも精度が一パーセント向上していれば成功、といわれていました。

ところが、二〇一二年に、前年を一〇パーセント以上も上まわる技術が登場して優勝したのです。誤答率は一五・三一五パーセント。二位の誤答率が二六・一七二パーセントですから、圧倒的な差です。

「いったい、何なんだ？」と、みんなが驚きました。そこに使われたのが「ディープラーニング」と呼ばれる技術であるらしいことがわかり、一気にディープラーニングが広がりました。

この技術が現在ではさらに発展し、画像認識に関しては「AIが人間を超えた」とまでいわれるようになっていきました。

先ほどの画像認識のコンペティションでは、かなり難しい識別をさせています。複数の物が同時に写っている写真や、物が重なって写っている写真を見て、きちんと識別する必要があります。

ディープラーニングが登場する以前の画像認識は、人間がコンピュータに特徴を教え込んでいました。一般的にわかりやすくした例として、犬のダルメシアンを例にあげると、「白がたくさんあるところに黒の斑点がある」という特徴をコンピュータに教えて、教えられた判断基準をもとに、コンピュータがダルメシアンかどうかを識別するといった感覚です。

実際には、もう少し抽象的な特徴をつくりこみ、それらを使って自動的にダルメシアンを判定できるように学習させます。

ディープラーニングの技術では、人間が特徴を教えなくても、どこを見て判断すればいいかというポイントを自動的に獲得できます。ディープラーニングで大量のダルメシアンの画像データを学習することで、ダルメシアンの白黒の斑点の特徴を自動的に見つけ出せるのです。

人間が特徴を教えなくても、自動的に特徴を見つけ出して、識別できるようになったのは画期的なことです。

教えなくても猫の概念をコンピュータが自動的に獲得

二〇一二年にはもう一つ、ディープラーニングの大きなニュースがありました。「グーグルの猫」と呼ばれているものです。

グーグルはディープラーニングの技術を使い、ユーチューブの動画のなかからランダムに画像を抽出して、ひたすらコンピュータに学習させつづけました。その結果、教えてもいないのに、コンピュータが猫の特徴をしっかりとらえられるようになっていったのです。当時は、「猫の概念をコンピュータが獲得した」と報道されました。

ディープラーニングを支えているのは、「ニューラルネットワーク」という技術です。これは、もともとは人間の脳のニューロン（神経細胞）の仕組みを真似てつくった数理モデルです。二十年以上前からあった技術ですが、あまり精度が高くないとされており、一部の研究者が研究していました。

その後、ディープラーニングの有効性を示したニューラルネットワークの技術的なブレイクスルーに加え、大量のデータを収集できる時代になり、また、計算機の性能が飛躍的に向上したことで、ニューラルネットワークによる学習は有効だということがわかってきました。

大量のデータと大量の計算機資源があれば精度が向上するため、専門家のなかにはディープラーニング自体は技術的なブレイクスルーとはいえないのではないかという見解もありますが、高度な学習ができるようになってきたことは確かです。

グーグルは、ニューラルネットワークをユーチューブの画像を用いて学習させました。すると、コンピュータは、ニューラルネットワークのなかのこの部分が反応したときには、画像のなかに猫が映っているということを発見したのです。コンピュータの中に「猫ニューロン」ができたようなものです。

レンブラント風の絵も描けるディープラーニング技術

ディープラーニング技術を使った実験は、さらに進んでいます。

たとえば、オランダの画家レンブラントの絵をたくさん学習させて、レンブラント風の

ディープラーニングを用いて描かれたレンブラント風の絵
（ANP／時事通信フォト）

絵を描くことに成功しています。レンブラントの絵には、背景が暗いなかで人物に少し光があたっているようなものが多くありますが、その特徴を読み取って再現されています（上の写真）。

ディープラーニングを用いて描かれた絵を見せられて、「これはレンブラントの絵です」と言われたら、多くの人は信じてしまうのではないかと思います。

レンブラントの絵の実験では、すべてをコンピュータが行ったわけではなく、人手も少し加わっていますが、基本的には、明暗や筆づかいなどをディープラーニングによって自動的に学習することに成功しています。

現在では、人手が加わっていないものでも本物に近い絵が描けています。たとえば、実際のアイドルの画像を学習して、ほんとうにいるとしか思えない、でも実際にはいないアイドルの写真をどんどんつくりだしていくといった例までできています。

この技術のすごい一面として、人間にとって直感的な概念操作ができることがあげられます。たとえば、人の顔の写真をたくさん学習させ、そのうえで、「笑っている女性」－「真顔の女性」＋「真顔の男性」の画像を出力するといったことが可能です。

どのような画像が出てくると思いますか？　簡単に言えば、「笑っている女性」から「女性」を外して「男性」を加えているといえますから、「笑っている男性」を予想するのではないかと思います。

そのとおり、「笑っている男性」の顔が表示されました。このことから、「ＡＩは画像を識別するだけではなく、意味を理解したのではないか。概念を獲得したのではないか」といわれるようになりました。

ディープラーニングは画像分野だけではなく、言語の分野でも進んでいます。画像からそのキャプション（説明）を自動的に生成する技術があり、「画像キャプショニング」と呼ばれています。

この技術を応用した少しおもしろい例題としては、画像から恋愛物語をつくる実験も行われています。実験に使われたのは、ビジネススーツを着た四人の男性が写っている写真です。

この画像につけられた恋愛物語風のキャプションは、次のようなものです。

「会議の終わり、私たちは張り詰めた空気にあった。私は親友を見上げた。もちろん、彼を放すつもりはなかった。他に何を言えばいいかわからないが、彼は一番美しい男だ」

たしかに、恋愛小説っぽくなっています。

文章から画像を作成することもできます。「青い空に、非常に大きな旅客機が飛んでいます」という文章をシステムに入れると、実際に青空に大きな旅客機が飛んでいる画像が表示されます。ほんとうに理解しているかどうかを確かめるため、「青い空」を「雨空《あまぞら》」に変えた文章を入れると、曇った雨空に旅客機が飛んでいる画像が出てきます。

「旅客機」を「止まれの標識」に変えると、青空のなかに止まれの標識が飛んでいる映像が出てきます。現実にはありえないようなことでも、文章どおりの画像をつくることができるのです。

「アルファ碁」がヨーロッパチャンピオンに勝った

ディープラーニングで有名なニュースは、二〇一五年十月に、グーグルの「アルファ碁(AlphaGo)」が囲碁のヨーロッパチャンピオンに勝ったことです。じつは、私も含めて多くのAIにかかわる研究者たちにとって、予想外のことでした。

人工知能学会は毎年、全国大会を開いていますが、二〇一五年の大会では、最先端の囲碁プログラムと女性のプロ棋士に対戦してもらうイベントが実施されました。プロ棋士にはハンデを背負ってもらったのですが、対戦してみるとプロ棋士の圧勝でした。

学会に出ていた先生たちは、

「囲碁はまだ十年くらいたたないと、プロに勝つのは無理だよね」

と言っていたのですが、その年に、グーグルの「アルファ碁」がヨーロッパチャンピオンに勝ったのです。

学会をあげて大外れをしたので、よく覚えています。

AI研究者ですらも、「何年後にできますか」と聞かれて予想を外しています。研究者でもわからないことがたくさんあります。

ディープラーニングとロボット技術にも注目です。

ロボットに、ブロック遊びや、ボトルのふた閉め、ハンガーをバーにかけるなどといったさまざまな動作を学習させるといった事例があります。ディープラーニングとロボット技術を組み合わせると、おもちゃ遊びや日常生活の簡単なことならできるようになってきました。

ただし、人間なら一～二回でできるような簡単なことでも、ディープラーニングを使う場合は、多くの事例で桁違《けたちが》いに多くのトライを重ねないとできないのが現状です。ディープラーニングの技術が進んできたとはいえ、学習するのにものすごく時間がかかるという弱点もあります。

ゲームのデータがアプリをつくりだす

ディープラーニングは、誰ももっていないデータを集めることさえできれば、そのデータを学習させて、どこにもない機能を実現できるシステムともいえます。新たな技術開発をしなくても、いいデータの集め方をすれば、差別化した新しい機能を生み出すことができるのです。

ここでは、グーグルのデータの集め方を見てみます。

グーグルが公式で出している、「クイック、ドロー！（**Quick, Draw!**）」というインターネット上の落書きゲームがあります。システムがお題を出して、ユーザーがその絵を描いていくというものです。

たとえば、「イス」というお題が出されたら、「イス」を描いていきます。二十秒以内にシステムが「イス」と認識できる絵を描けたら成功です。タブレットやスマホなら画面上に指で、パソコンの場合はマウスなどを使って画面上に描いていきます。

描きはじめると、システムが認識して、「○○ですか」と応じます。

イスを描くために線を引くと、システムは「わかりました。線」と答えます。イスを描かなければいけませんから、線を延ばしていきます。

次いで、線を四角い状態にすると、「わかりました、正方形」と答えます。

四角い形に背もたれをつけてイスの形に近づけていくと、「わかりました。イスです！」と答えます。

これで正解です。二十秒以内にシステムが認識できないと、「すみません。何の絵かわかりませんでした」と言われます。

お題は、ブランコ、目、アイスキャンディ、消防車、電球、サンダル、イルカ、野球のバットなど、いろいろなものが出てきます。

六問のお題が出されて、システムが一枚も認識できないと「残念！」と出てきます。一枚でもシステムが認識できる絵を描けたときには、「よくできました！」とほめてくれます。日本語バージョンもあるので、遊んでみてください。

次に、同じくグーグルがつくった「オートドロー（AutoDraw）」というアプリケーションソフトを見てみます。これは、どんなにへたな絵を描いても、プロが描いたようなイラストに変換してくれるアプリケーションです。

たとえば、ネコを描きたいと思って、線を引いていくとしましょう。

ネコの顔の輪郭を描いていき、二つの耳のところを三角形にとがらせると、システムは、耳のとがった動物と認識して、ネコなどの動物の絵をいくつか出してサジェスチョンしてくれます。それらの候補のなかから自分の描きたいものを選べば、ネコのイラストになるというわけです。

システムが、「これが描きたいのですか」とサジェスチョンしてくれますから、どんなに絵心のない人でも、プロのようなイラストを描くことができます。システムは、横向きのネコ、後ろ向きのネコなど、いろいろなパターンを表示しますから、思い描いたネコに近いものを選んで少しアレンジすれば、ネコのイラストが完成します。

「クイック、ドロー!」と「オートドロー」

落書きゲームの「クイック、ドロー!」と、プロ並みのイラストを描ける「オートドロー」は別々のソフトですが、両者はつながっていると見られています。「クイック、ドロー!」で落書きゲームをさせて、そこでデータを集めて学習させ、「オートドロー」をつくっているのです。

「オートドロー」で、へたくそなネコの絵からプロ並みのネコのイラストが出てくるのは、「クイック、ドロー!」で素人の描いたネコの絵を学習させているからです。「素人はこういうネコの絵を描く」ということを大量に学習しているため、「このへんてこな線は、ネコを描きたいのだろう」ということがわかり、ネコのイラストがサジェスチョンとして出てくるのです。

ちなみに、「オートドロー」で一生懸命にドラえもんを描いても、ドラえもんのイラストは出てきません。「クイック、ドロー！」がドラえもんの絵を学習していないからです。「クイック、ドロー！」にデータセットがないものは、「オートドロー」でもイラストは出てきません。

「クイック、ドロー！」で「ドラえもんを描いてください」というお題を出して、みんながドラえもんを描いて遊んでくれれば、大量のデータが集まって、「オートドロー」でドラえもんを描けるようになるかもしれません。

「クイック、ドロー！」のようなゲームをつくって、いままでになかった独自のデータを大量に集めれば、「オートドロー」のような機能をつくることができます。独自のデータセットを集めることが、新たなサービスを生むのです。

こうした落書きゲームは楽しいので、みんなが遊んでくれます。遊べば遊ぶほど、大量のデータが集まる仕組みです。その集めた大量のデータで、誰もつくれなかった機能をつくる構造ができています。

これからは、ゲームで遊ぶことが仕事になる時代がくるかもしれません。ゲームで遊んで、そのデータを集めてディープラーニングで学習させ、ビジネスに生かすスキームをつくれば、遊ぶこと自体が仕事になります。

AIは、人間が予想しないことをやりかねない

ディープラーニングの事例において、よく、「人に教えられなくても学習できる」といった表現がされます。前述の例で言えば、グーグルの猫の件では「教えられていない猫の概念を獲得した」と評されていました。

もちろん、まちがいではないのですが、正確に言うならば、より抽象的なルールを教えることによって、より汎用的に学習することが可能になったといえます。

たとえば、社会的なことを教えるようなケースでは、

「泣いている人がいたら慰めてあげましょう」

「お年寄りが立っていたら、席を譲ってあげましょう」

などと、一つひとつ具体的に例をあげていたものを、

「人に親切にしてあげましょう」

という抽象的なことを一つ教えたとします。

そうすると、親切かどうかという判断基準に基づいて自動的に学習し、泣いている人を慰めるという判断をしたり、お年寄りに席を譲るという判断をしたりします。

しかも、一つひとつ教える場合はルールを完璧につくるのが難しいことが多いのですが、抽象的に教えることで、より正確なルールに到達できるかもしれません。

前述のケースにもどると、前者では、

「うれし泣きをしている人も慰めてしまった」

「お年寄り扱いされたことで、相手が激怒した」

といった失敗が想定できますが、後者では、

「うれし泣きをしている人とともに喜ぶ」

「降りるふりをして席を立ち、別の車両に移る」

といったことまでできるようになる可能性を秘めています。

一つひとつの具体的な基準を指示するのではなく、抽象度を上げて大枠の指示をし、幅広いケースに適用してもらうわけです。

ところが、こうした自動学習をさせると、人間が想定していないことをやってしまう場

合があります。たとえば、ある人が悪意をもって悪いことをしようとして、それがうまくできなくて困っているときに親切に助けてあげるかもしれません。

「人に親切にしましょう」という指示を出すと、善良な人に親切にするだけでなく、悪意をもった人にも親切にする可能性があるのです。人間が教え込む場合は、コンピュータは人間の意図したとおりの判断基準で判断しますが、人間が教えずに自動的に判断基準を獲得させると、予想外のことが起こりえます。

このように、人間が想定していないこともやってしまうかもしれないところが、「ＡＩは怖い」と思われる理由の一つです。

ノイズがＡＩの目を狂わせる

画像認識技術は非常に優れています。すばやく動く映像のなかでも、どこに何が映っているかを正確に認識できます。

ビデオ映像を早送り再生しても、人や車、建物などを瞬時に判別します。後ろ姿だけでも人と判断しますし、人が手に何かを持っていることも瞬時に認識し、人や物をそれぞれ識別します。

しかも、人間にはとても認識できないブレブレのぼやけた映像のなかに、何が映っているかを判別できたりするのです。

人間と機械が画像認識を競うと、機械が勝利する分野もあります。医療分野では、体内をスキャンした画像から病気の兆候を発見するときには、医師が見るよりも機械が見たほうが見落としが少ない場合もありうるでしょう。

こうしたことをもって、「目に関しては、ＡＩは人間を超えた」という言い方がされていますが、ほんとうでしょうか。精度の高い画像認識技術が出現しはじめたものの、ディープラーニングによる画像認識にはまだまだ弱点があります。

自動車、建物、動物、昆虫などの画像を認識させると、通常は正確に、自動車、建物、動物、昆虫を見分けるのですが、画像のなかに数学的に計算されたわずかなノイズを加えると、すべての画像をダチョウと認識するという事例が報告されました。

「何でもダチョウに見える歪《ゆが》みが発見された」といわれていますが、これはかなり大きな問題です。

たとえば、社長室のセキュリティシステムに顔認識システムを導入したときに、何でも社長に見えてしまう歪みが発見されたら、非常にまずいことになります。

同じような実験がほかにもあります。ある映像のなかに人間が映っています。ディープラーニングを用いて、映像のなかの「人間」を正しく認識することができます。

次に、映像のなかに映っている人に、風景写真を持ってもらいます。顔はもちろん、全体のシルエットもしっかり見えており、そこに人がいるのは明らかであるにもかかわらず、その写真があると、システムはなぜか人間を認識できなくなり、「人は映っていない」と判断してしまうのです。

つまり、人間がいるのに、システムにとってその人は透明状態になるということです。でも、風景写真を裏返しにしてもらうと、すぐに人間が映っていると判断します。いずれにしても、この問題が解決されないと、「完璧な監視カメラです」と言っても、ちょっとした写真を持っているだけで透明人間になるのでは、完璧なセキュリティシステムとはいえません。

問題なのは、一つひとつの事例というよりは、こういったコアないじわるが無限通りありうることです。つまり、どれだけチェックしても、人間と同じ判断をするという証明はしようがないのです。

ときにはＡＩが人を傷つけることも

「ＡＩの画像認識技術は人間を超えた」といわれていましたが、二〇一五年に非常に大きな問題を引き起こしました。

グーグルはディープラーニングを使って、「グーグルフォト」にアップロードされた写真にタグ付けをする機能を提供していますが、黒人二人が映っている写真に「ゴリラ」とタグ付けしたのです。

この問題をどう解決すればいいか、その答えは研究者のあいだでもまだ見つかっていません。テスト用のデータセットで、たとえ一〇〇パーセントの精度になったとしても、世の中のあらゆるデータが入力された際に一〇〇パーセントまちがえないとは言いきれないからです。

マイクロソフトがつくったチャットボット「Ｔａｙ」というものがあります。これは、簡単に言えば、お話ししてくれるＡＩのようなものです。「Ｔａｙ」は、「ツイッターから言葉を学習して、みなさんと同じように話せるようになります」というふれこみでサービスが始まりました。

ところが、「Tay」は差別的な言葉を学習し、一日で差別用語ばかりツイートするシステムになったため、サービスは停止されました。マイクロソフトは同じような取り組みを日本でもやりましたが、日本で運用したところ、ネットの言葉を学習して〝腐女子〟になったそうです。

また、AIはさまざまな画像をつくりだすことができますが、人間に恐怖を与える画像もつくりだします。「トライポフォビア」(集合体恐怖症)といって、蓮の画像など、小さな穴が集まったブツブツの画像を見ると恐怖を感じる人がいます。

AIは、自動的に画像をつくりだすため、ブツブツの画像をつくりだして、不快感を与えることもあるのです。

このように、ディープラーニングを使うと、さまざまな画像を生み出せますが、人間の感覚がわかるわけではないので、人間が情動的に不快に思う画像がつくられることもあります。人間が「気持ち悪い」と感じるかどうかの判断はできないのです。

現在の機械学習技術では、知らず知らず、人を傷つける可能性があり、それを避けることはとても難しいことです。まだ、人が不快に思うパターンをAIが自動的に除外することはできない状況です。

現在のＡＩの認知の仕組みは、人間と同じとは言いがたい

「ＡＩの画像認識能力は人間を超えた」といわれますが、「人間の認知の仕組みを再現できた」という意味では決してありません。

有名な実験を紹介します。もし興味があれば、ユーチューブで「selective attention test」と検索すると動画を見つけられますので、動画の指示に従って実際にテストをやってみてください。

これは、白チーム三人と黒チーム三人の合計六人が、動きながら二個のバスケットボールをパスする映像を見て、「白チームは何回パスしたか？」を数えるものです。

なお、やってみようと思っている方は、以下の〈ネタバレ〉にご注意ください。動画を視聴したあと、お読みいただければと思います。

〈ネタバレ〉この実験は、パスの回数を数えることが目的ではありません。ほんとうの質問は、「映像の途中で突然、現れるゴリラに気がつきましたか？」というものです。

じつは、意外なほど多くの人が、ゴリラに気づくことができません。再度、映像を見てもらうと、ゴリラがはっきり映っていて、かなり目立つ動きをしていることがわかります。それなのに、みんな気がつかないのです。

対象を見落とさないシステムを、ディープラーニングによって構築することは可能です。それならば、システムのほうが人間より優れているのかというと、必ずしもそうではありません。

人間には、不要な情報をそぎ落とす能力が備わっているからです。どの情報を取り出すかを決めたときに、そこに集中して、それ以外の情報をそぎ落とすことができるのです。これは「セレクティブ・アテンション」(選択的注意)と呼ばれています。

この実験は、セレクティブ・アテンションという人間の優れた認知機能を示すものだったのです。目立つゴリラが映っているにもかかわらず、「パスの回数を数える」というタスクに集中しているときには、不要な情報をそぎ落として情報処理を最適化するという脳を人間はもっています。

でも、機械学習にこの機能をもたせることは、そう簡単ではありません。人間の知能を超えたといっても、人間の認知機能の一部をある評価基準において定量化した場合に超えたというだけであって、まったく同じ機能をくらべても、評価基準が違えば結果は異なるはずでしょう。

機械学習のための評価基準を使った比較によって、人と機械学習の優劣を断定することはできないのです。ましてや、その結果は、人間の本質的な知覚機能の処理が完璧に再現できたことを示すものではありません。

人はＡＩに仕事を奪われてしまうのか

ＡＩに奪われる代表的な職業として、よく会計士があげられます。ほんとうに会計士の仕事はなくなるのでしょうか。

一度、公認会計士の方々とのカンファレンスを主催したことがあります。公認会計士が約半数、ＡＩ研究者が約半数で、「会計士の仕事はＡＩに奪われるのか」というディスカッションを行いました。

最初は、まったく話が噛み合いませんでした。会計士の方々は、「会計士の仕事はなくなりません」という話をずっとされていました。一方、ＡＩ研究者たちは、「会計士の仕事はなくなります」という話をずっとしていました。

なぜ、話が噛み合わなかったのか。その答えは、恥ずかしながら、お互いが自分たちのことしか知らずに話を進めていたからです。

会計士の方々は、ＡＩと呼ばれている技術でいま、何ができるのかわからずに、「自分たちの仕事はなくならない」と主張していました。一方、ＡＩ研究者たちも、会計士が実際にどのような仕事をしているのかをほとんど知らずに、「仕事がなくなる」と主張していたのです。

そこで、話を噛み合わせるために、実際に会計士の仕事を一つひとつうかがい、それぞれについて、「これはＡＩでできる」「これはＡＩではできない」と振り分けていきました。

すると、ＡＩ研究者が知らなかったような、人と人との関係性が重要な仕事がたくさんあり、会計士の「作業」は代替できても、会計士〝自体〟をＡＩが代替することがいかに難しいかがわかってきました。

会計士が事務的にやっている作業は、将来的にはＡＩに代替されるだろうけれども、それはむしろいいことであって、浮いた時間をほかの仕事に充てることができます。

会計士の方々は、クライアントの相談相手としての役割を非常に大切にされているそうです。機械ではなく、人間に相談したいという人はたくさんいます。「相談に乗ってくれる信頼できる人」というポジションは、当面のあいだ、会計士にしかできないだろうという結論になりました。

「ＡＩに仕事が奪われる」と恐れるのではなく、むしろＡＩの技術を積極的に使ったほうがメリットは大きいはずです。ＡＩがたくさんの案件を処理してくれれば、空いた時間でクライアント一人ひとりと向き合うことができます。

こうして、「事務作業のウエートが減って、人と向き合い、人を助けることのウエートが増えていくのが理想的なシナリオではないか」という前向きな話でまとまりました。

汎用性がＡＩの社会実装のカギ

このカンファレンスが始まった最初のころに、会計士の方々に「いちばん自動化したい仕事は何ですか？」と聞くと、「エクセルでのデータ編集」という答えが返ってきました。エクセルにデータを入力するなどの作業は面倒だというのです。

そして、ある会計士の方が、「ＡＩでなんとかなりませんか？」と言いました。

ＡＩ研究者が、「それって、エクセルのマクロでできますよね」と言うと、会計士の方々は困った顔をしていました。

マクロについては知っていても、マクロをつくる手間が大変で、手がまわらないようです。マクロを販売している会社もありますし、マクロづくりを外注することもできますが、値段がかなりします。手間やコストがかかりすぎるという理由で、マクロを使っていないのです。

この部分は、はたしてＡＩで代替できるか否かという話の論点といえるのか、当時、私は疑問でした。しかし、むしろこれこそ、ＡＩの社会実装における特別重要な論点だと、あとから気づいたのです。

特殊なことをするために特別なプログラムをつくると、多額のコストがかかります。いろいろなことができる汎用性のあるプログラムであれば、購入する人も多くなり、コストを抑えることができます。

つまり、「汎用性」が一つのキーワードです。

「バクスター」という一八〇万円くらいのロボットがあります。普通の産業用ロボットと違って、作業スピードは遅いし、精度もそれほどよくありません。

ところが、「バクスターが産業界を変えるかもしれない」と話題になりました。なぜ、産業界を変えるほどの影響があるかというと、汎用性が高いからです。バクスターは、動き方を一つひとつ手作業で教えると、それを覚えて、できるようになります。誰でもロボットの動きをつくることができるのです。

最初に動き方を教えてやると、自分がしてほしい作業をやらせることができます。大した作業はできませんが、簡単な作業なら、だいたいどんなことでもできるようになります。

耐用年数三年、一日の作業時間を八時間として計算すると、バクスターのような約一八〇万円のロボットは時給二〇〇円くらいになります。時給二〇〇円でいろいろな軽作業ができるのであれば、産業界を変えるポテンシャルがあると期待されたのです。

「汎用性」というのは、普及のための大きな要素です。

最近、RPA（ロボティック・プロセス・オートメーション）が話題です。自分がパソコン上でよくやっているルーティンワークの作業を自動化できるシステムで、汎用性があるため価値が高いとされています。

RPAは、パソコン上での定型的な作業を自動化できます。データ入力から、市場調査、メール送信など、さまざまなことに使えます。汎用性が高いシステムですから、導入する企業が増え、交通費の精算などの面倒な作業をＲＰＡに置き換える会社が増えています。

私が三年前くらいに講演で話したときには知っている人はほとんどいませんでしたが、いまは、講演のときに聞いてみると、三〜五割くらいの人は知っているかなといったところです。最近は、新聞などでもよく取り上げられています。

ＡＩについて考えるときに、技術的にはできるけれどもコストが高くてできないのか、そもそも技術的にできないのかという異なる論点があります。コストが高くて実現できない部分を解決するのは、高い精度ではなく、高い汎用性です。一つの技術でどこでも使えるものができれば、大量生産によってそのコストは大幅に下がります。

汎用性には、非常に大きな価値があります。ＡＩを社会に実装していくときには、技術の精度だけでなく、汎用性もカギになるのです。

第2章
ドラえもんはこうしてつくる

ドラえもんをつくるには、まずはドラえもんの定義から

ドラえもんをつくるには、まず「ドラえもん」を定義しなければなりません。

正直、ドラえもんの定義はとくによく尋ねられた質問でしたが、最近までうまく答えることができませんでした。それは、不用意で自分勝手な定義を主張してしまうと、それが誰かのドラえもん像を否定することにもなりかねないからです。

誰もが認めてくれるドラえもんの定義を追い求めてずっと頭を悩ませてきましたが、最近、ついに決着をつけました。

定義の仕方にはいくつかの方法があります。一つは、私が「機能要件集合」と呼んでいるもので定義する方法です。わかりやすく言えば、機能の要件を一つひとつ定義していくやり方です。

たとえば、腕時計を定義するときには、

「腕につけられる」

「時を刻む」

といった機能要件がいくつかあり、それらをすべて満たしたものを腕時計と定義するわけです。

では、ドラえもんは、どんな機能要件を満たさなければならないのでしょうか。

「人と会話ができる」

「ひみつ道具を持っている」

「四次元ポケットがある」

「未来からきた」

などたくさんあります。

ドラえもんの機能要件をすべてあげることは困難です。

あまりにも有名かつ人気キャラクターであるため、人それぞれ、「これがドラえもん」という要件を無意識にもっています。それらは、相矛盾する要件も多いと思われるため、「これとこれとこれの機能要件を満たしたらドラえもん」という、機能要件集合による決め方は不可能です。

ある人は、「ドラえもんは、もともとの設定どおり、エネルギー源として原子炉を積んでいなければならない」と思っているかもしれません。別の人は、「原子炉なんか積んでいたら、ドラえもんじゃない」と思っているかもしれません。相矛盾する要件が出された時点で、定義の合意がとれなくなります。

私がこれまでドラえもんの定義をどうしても決められなかったのは、そもそも機能要件集合によって定義しなければならないという思い込みがあったからでした。

社会的承認による定義を使う

定義の仕方には、別の方法があります。それは、私が社会的承認による定義と呼んでいるものです。「みんなが認めてくれたもの」という定義の仕方です。みんなが「これは、ドラえもんだよね」と認めてくれるものがあれば、「ドラえもんである」という決め方です。

ドラえもんは、社会的承認による定義がとくにしやすい特別な存在です。

あるロボットを見せられて、「これは汎用ＡＩですか？」と聞かれたときに、多くの人はあまりピンときません。汎用ＡＩのイメージが湧かないために、直感的に「はい」とも「いいえ」とも答えることができないのです。

ドラえもんの場合は、「これはドラえもんですか？」と聞かれたときに、

「これはドラえもん」

「ちょっと、違うよね」

と、直感的に多くの人が判断できます。

ドラえもんはみんなが知っていますから、社会的承認による定義が可能です。

多くのものづくりは、誰もイメージしたことのないものをつくりだし、できあがったものによってイメージが形成されます。一方のドラえもんは、もともと多くの方がイメージをもっていて、あとからそれに沿うものをつくります。ここに、ドラえもんをつくることの特殊性があり、難しさがあるのです。

社会的承認によるドラえもんの定義は、まさにここを逆手にとっているわけです。

機能要件集合による定義と、社会的承認による定義の違いをもう少し見ていきます。

機能要件集合による定義の場合は、あらかじめ定められた各機能要件を満たしていないかぎり、「○○である」と断定することはできません。

腕時計のケースでいえば、「これは腕時計ですか?」と聞かれたときに、「時を刻む」「腕につけられる」といったすべての機能要件を満たしていると判断されれば、「腕時計である」と認められます。

仮に、「時を刻む」という要件を満たしていないのであれば、「腕時計」と呼ぶことはできません。「時を刻む」という要件は、不変です。

それに対して、社会的承認による定義の場合は、一つひとつの機能要件に照らし合わせて判断するわけではなく、多くの人が「まあ、ドラえもんといっていいよね」と承認したものはドラえもんです。

最大の特徴は、機能要件自体が変化することがあるという点です。一度、暫定版のドラえもんができあがって、まだある人にはドラえもんと認めてもらえていなかったとしても、長期的にその人とロボットがかかわっていくなかで、「彼こそがドラえもんかもしれない」と思ってもらえるようになれば、その瞬間から、そのロボットはその人にとってのドラえもんになれるのです。

そもそも、のび太にとってドラえもんが友達である理由は、のび太がドラえもんを友達だと思っているからです。友達、恋人、ライバルといったものは、人どうしの関係のなかで、人が認めることでできあがっていくものです。私たちがつくるドラえもんも、きっとそういった人との関係のなかでできあがっていくはずです。

これを実現するためには、もちろんロボットの性能向上が必要です。とくに、人と認め合う関係をつくるためには、人に適応していき、寄り添える能力が重要になります。それと同時に、いかに人に寄り添ってもらえて、人に適応してもらえるかという観点も重要になってきます。私の研究領域では、これを「相互適応」と呼び、とても重要なキーワードとして研究されています。

ドラえもんのつくり方とは？

では、社会的承認を得るための研究とはどのようなものなのでしょうか。具体的に考えていきたいと思います。

たとえば、ある人が、ある機能を要件としてもっているとします。このとき、この機能要件に対する研究アプローチはおもに三つあると考えられます。

①その機能を実現する
②その機能を実現しているように見せる
③その機能を実現せずに許してもらう

このうち、いずれか簡単なものを満たせば、その機能要件に関して社会的承認を得るという意味では成功していることになります。

たとえば、「目に見える」「感情がある」「タイムマシンに乗ってやってくる」という三つの機能要件があるとします。

「目に見える」というのは、実現することでクリアできます。実現するというのは、この場合は、目に見える実体をつくることです。

もちろん、ほかの二つの方法も可能です。

「実際には目には見えないものをつくって、それが見えるという錯覚を引き起こす」

「ドラえもんは目に見えない存在であると解釈を改めなおさせる」

というのが、これにあたります。

しかし、いちばん簡単なのは、実現することです。実体のあるロボットをつくって、「目に見える」という機能を実現させてしまうほうが簡単です。

「感情がある」という機能要件に関しては、断定しにくいですが、少なくとも感情に関する既存の工学研究では、「機能を実現しているように見せる」ということが中心的に取り組

社会的承認で定義された人工物のつくり方

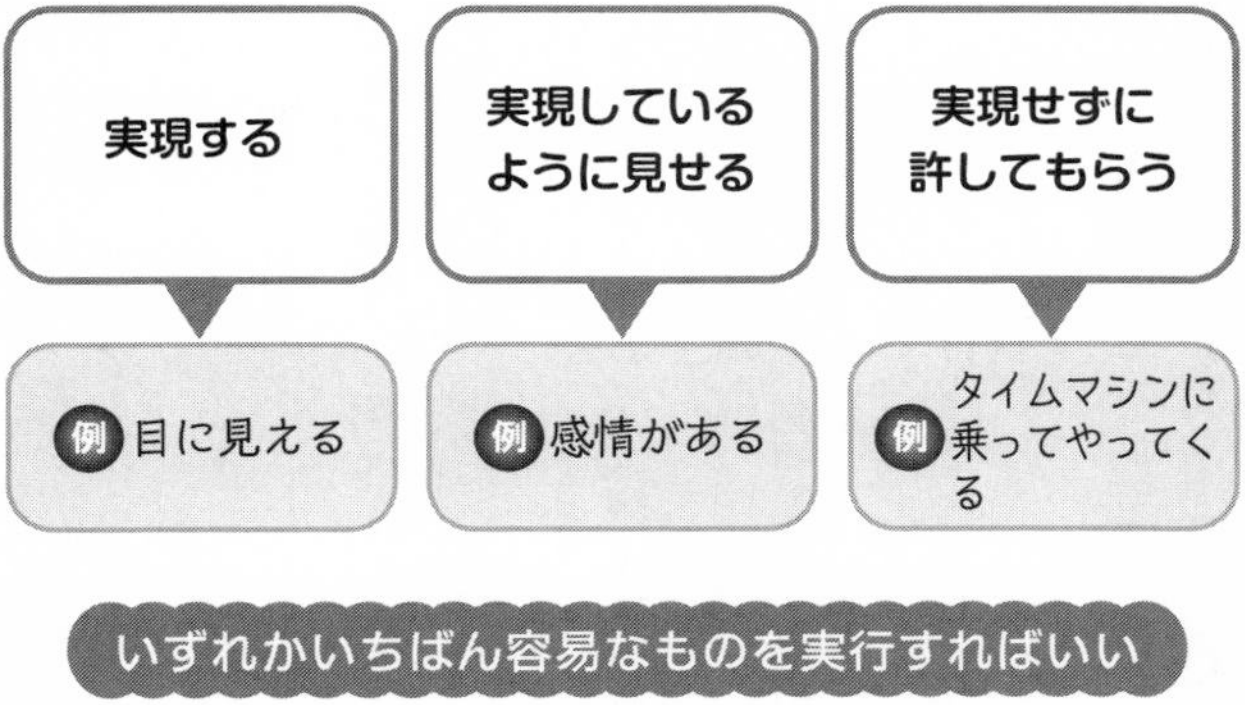

まれてきました。ロボットに感情があるように、人に見せかけるための研究です。

これは、工学的に感情の定義が定まっていないために、「機能を実現する」というアプローチがとれず、また「感情がある」ことが多くの人にとって譲れない機能要件であると認識されているために、②のアプローチがとられているものと思われます。

「タイムマシンに乗ってやってくる」という機能要件は、現代の科学で実現できるかどうかはわかりません。タイムマシンがない状態で、タイムマシンに乗ってやってきた、ということを信じてくれる人が多数派とも考えにくいです。

一方で、いつも自分に寄り添ってくれて、自分を助けてくれるドラえもんがいたら、「ぼく、タイムマシンでやってきたんじゃなくて、あの工場でつくられたんだけど、それでもいい?」と言われれば、許してくれる人も多いのではないか、と予想しています。

タイムマシンに乗ってやってこなかったけれども、ドラえもんと認めてもらえる可能性はあります。実現せずに許してもらうのです。

このように分解して考えていくと、ドラえもんづくりは不可能なことではなく、実現可能な道筋が見えてきます。

ディープラーニングは、人とかかわることが苦手

修士一年のころ、慶應義塾大学の今井倫太《みちた》先生の講演を聴く機会があり、心に突き刺さりました。演題は、「インタラクションと知能」。今井先生は私と同じ学科の先生だったので、かつて研究室を見学に行ったこともありましたが、おもしろいロボットをつくって人がどう思うかを調べている、くらいの認識でした。

たとえば、今井先生の研究室では、遠隔操作ロボットの研究が盛んに行われていました。当時、私は、その研究を便利なツールづくりとしか認識していませんでした。

しかし、この講演で、遠隔操作する人の存在によってロボットに人と同じだけの社会的な価値が与えられることを知り、イメージがガラリと変わりました。外見はまったく同じロボットでも、内部に人を感じるだけで、もはやロボットは人のようになれるのです。

「人は人とのかかわりのなかで人になっていく。知能は決して脳だけがあればできるものではない。脳は体と一緒にあるから、環境と一緒にあるから、知能として成り立っている。そして、人間の本質的な知能のほとんどは、他者と一緒に自己があるから成り立っている」

そう考えると、いまのAIの研究のように、知能の部分にだけ注目するのではなく、人と人とがかかわりあう関係全体をとらえて研究していかなければならないし、ほんとうの意味で「人のようなロボットをつくる」のであれば、人とロボットがかかわりあう関係全体を設計していく必要性を痛感したのです。

ちなみに、この講演がきっかけで、現在は今井先生のもとで研究に取り組んでいます。

第1章でディープラーニングについて見ましたが、ディープラーニングには大きな課題があります。ディープラーニングは、大量のデータを使ってコンピュータに学習させると、精度の高い画像認識や自然言語ができるようになりますが、逆に言うと、大量のデータと大量の計算機資源を集めなければなりません。学習のために大量の時間も要します。

そんなディープラーニングと、人間はうまくかかわることができるのでしょうか。

人間がコンピュータに一〇〇万件のデータを教え込むようなことはとてもできません。二十四時間寝ないで、一カ月間、コンピュータに教えつづけても、一〇〇万件のデータを教えられるかどうかはわかりません。でも、コンピュータが自動的に学習すれば、一〇〇〇万件、一億件のデータを学習することができます。

しかし、人間が介入すると、投入されるデータ量はかなり減ってしまいます。人間とかかわらないほうが、大量のデータを処理できて精度が上がるのがディープラーニングの技術です。

つまり、ディープラーニングは、人とかかわらないほうが性能が上がるという性質をもっています。言い換えれば、ディープラーニングだけでは、人との接点を消す方向に進んでいくかもしれません。

私たちが考えているのは、その逆で、人と深くかかわるためのＡＩの技術です。それが、「ＨＡＩ（ヒューマン・エージェント・インタラクション）」と呼ばれる技術です。大きく分けると、次のような違いがあります。

ディープラーニングから、HAIへ

ディープラーニング

人とかかわるのが難しい

▼

HAI

- 人とかかわることで技術的ハードルも下がる
- 人とかかわることで得られる効果も上がる

①人とかかわることが苦手なディープラーニング
②人とかかわることが得意なＨＡＩ

人とかかわることが苦手なディープラーニングを利用しながら、人とかかわることが得意なＨＡＩを使えば、さらなるブレイクスルーになるはずです。

いまのところは、ディープラーニングとＨＡＩの別々の柱がある状態になっていますが、二つの柱に分かれているのは、私たちの研究がまだまだ完全ではない証拠だ、と私はとらえています。現在もＨＡＩの研究にディープラーニングの技術が生かされていますし、ＨＡＩがディープラーニングに貢献できることもあります。

実際に、現在も両者はそのように混ざり合っていますが、人に寄り添うための技術は未成熟です。HAIを前提としたディープラーニングのような、さらに新しい基礎技術開発がゆくゆくはされていくべきだと考えています。人と優れた相互適応をする機械学習技術は、まだディープラーニングにもHAIにもないと思うからです。

ここで、HAIという新しいキーワードを出しました。ドラえもんづくりは、人とかかわりながら性能を高めていくというアプローチをしますから、人とかかわるHAIの技術がキーポイントになります。

そこで、このHAIを深掘りしていきたいと思います。

人とかかわるHAIテクノロジーとは？

AIとHAIの関係は、次ページの図のようなものです。AIロボット部分を中心とした工学の領域ですが、HAIはロボットと人の両方を含んでおり、両者を一体のシステムととらえて研究する分野です。

つまり、HAIは工学だけでなく、心理学や認知科学の領域を含む研究分野といえます。

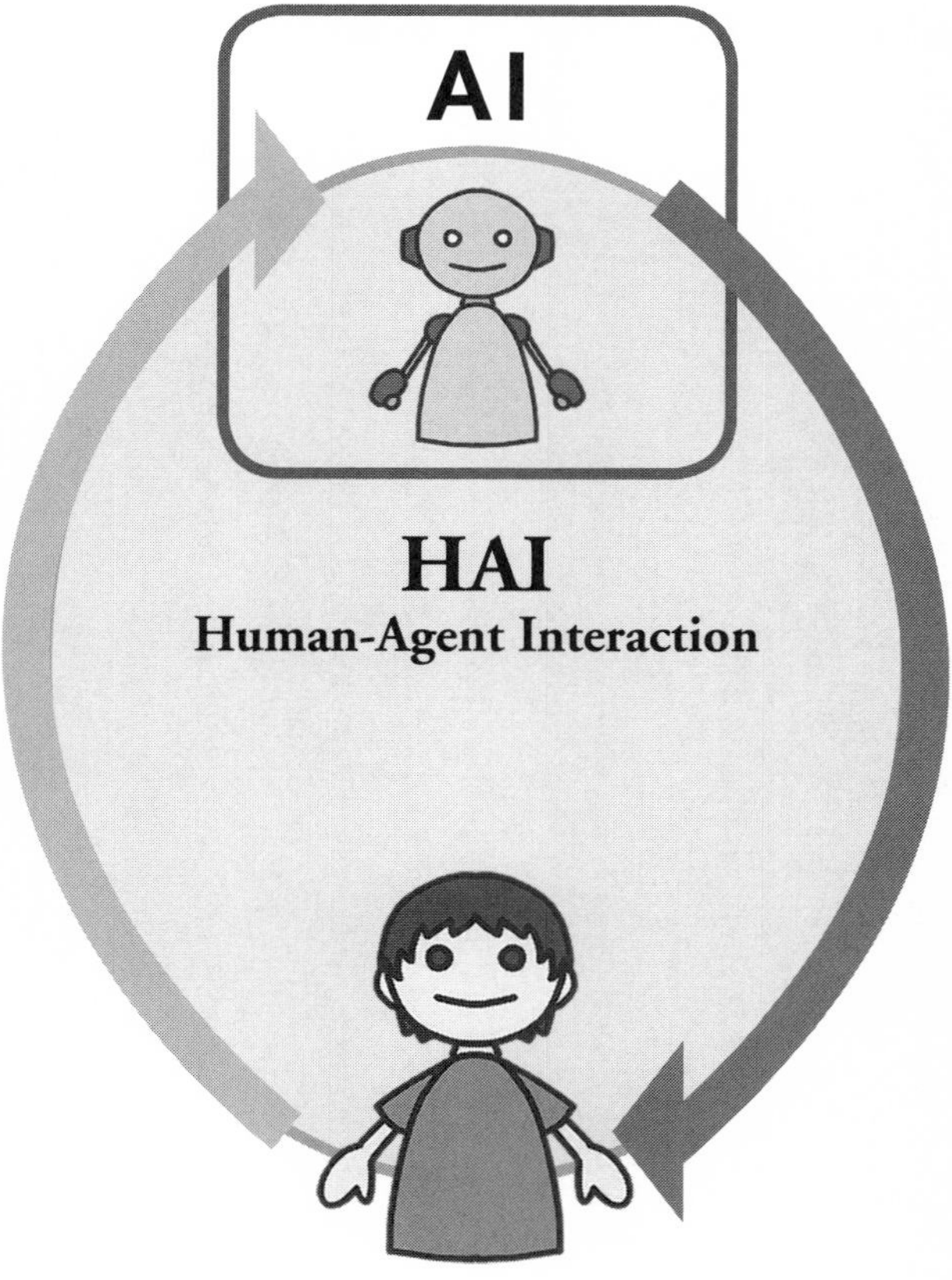
AI
HAI
Human-Agent Interaction

具体的な例をあげて説明したほうがわかりやすいかもしれません。

HAIの一例は、「弱いロボット」です。

たとえば、ゴミをなくすために、ロボットを導入することを考えてみます。スーパーマーケットやショッピングモールで、ゴミをなくしたいというときに、自動的にゴミを拾って回収してくれるロボットがあれば便利です。

言うのは簡単ですが、つくるのはかなり大変です。ゴミであるものを正確に認識し、アームをうまくコントロールして、つかんで捨てる技術が必要になります。また、スーパーマーケットの中で人とぶつからないように、安全に配慮したロボットにしなければなりません。

仮にそういうロボットが開発できたとします。ここで、もう一つ問題が出てきます。

完璧なゴミ拾いロボットをつくってスーパーマーケットの中で動かすと、お客さんに邪魔者《じゃまもの》扱いされる可能性が高いのです。子供の場合は、ロボットをいじめて動けなくするなど、いたずらをすることもあります。

あまり知られていませんが、カメラの視界を遮《さえぎ》ったり、前に立ちはだかって進めなくしたり、直接叩いたりするなど、「ロボットいじめ」の問題は研究者にとってかなり深刻で、

HAIの一例（ゴミ箱型のロボット）
（写真提供＝岡田美智男／豊橋技術科学大学）

それ自体が一つの研究テーマになっているほどです。

すばらしいロボットをつくったのに、人から邪魔者扱いされて、いじめられて、うまく使えない。そんなオチが待っています。

ＨＡＩのソリューションは、ゴミを拾う機能がないゴミ箱型のロボットです。これは豊橋技術科学大学の岡田美智男先生の研究ですが、ゴミ箱型のロボットがゴミを認識して、ゴミのほうに歩み寄っていくのだけれども、ゴミを拾えずにモゾモゾする。

そうすると、モゾモゾしている姿を見た人が「かわいそう」と思い、「助けてあげたい」という気持ちになって、ゴミを拾って捨ててくれるのです。ゴミに近寄って人を気にせずにモゾモ

自分ではゴミを拾えないが、モゾモゾしているとまわりにいる人がゴミを拾ってくれる……。（写真提供＝岡田美智男／豊橋技術科学大学）

ゾするだけですから、開発する際の技術的な難易度は下がります。

実験をしてみると、実際にみんながゴミを拾ってロボットのゴミ箱に入れてくれるそうです。ゴミを拾う機能をもっていないのに、ロボットと人が協力することによって、スーパーマーケットのゴミがなくなっていくというわけです。

ロボットがあまりにも優秀だといじめられるのに対して、ちょっとバカなところがあると、みんなが助けてくれる。ロボットを賢くつくることだけが、必ずしも問題解決につながるわけではないのです。

ご存じの方も多いと思いますが、ドラ

えもんというのは、完璧なロボットではありません。私の大好きな話の一つに、『ドラえもん24巻』（小学館）収録の「ショボリ、ドラえもん」というものがあります。

このお話では、セワシくんが、いつも喧嘩ばかりしているのび太とドラえもんを見るに見かねて、ドラえもんとドラミちゃんを交代させようとします。ドラえもんと違って優秀なドラミちゃんは、のび太をどんどんサポートして大成功させていき、セワシくんはドラえもんを説得してドラミちゃんとの交代を言いわたします。

ですが、そこでのび太は、「いやだ!!　ぜったいに帰さない!!」と交代を断固、拒否するのです。ある意味、ドラえもんも弱いロボットであり、それゆえのび太に愛され、そしてそんな弱い二人のやりとりを見て、読者も彼らを愛するようになるのかもしれません。

完璧なロボットに対しては、「ロボットに支配されてしまうのではないか」という不安を抱きやすいですが、できの悪いロボットには共感し、助けてあげたくなる。そういう心理もふまえて、人間とともに過ごすロボットを開発していく必要があります。

HAIは、ロボット単独で問題を解決するのではなく、人間とのかかわりのなかで、ロボットと人間が協力して問題を解決していく技術です。ドラえもんのコミックは、ロボットであるドラえもんと、人間であるのび太たちが協力して問題を解決していくストーリーですから、まさにＨＡＩの考え方そのものです。

ＨＡＩが社会課題のソリューションになる

ＨＡＩには、こんな例もあります。

介護施設に入っている高齢者の方に、ロボットが「血圧を測ってください」と言っても、なかなか測ってもらうことはできません。ロボットから命令されているような気分になる人もいて、なかなか言うことを聞いてもらえないのです。

そんなときには、二台のロボットを使う方法があります。二台のロボットが、子供のようなかわいらしい声で会話を始めます。

ロボットＡ「健康って大事だよね」
ロボットＢ「うん」
ロボットＡ「健康じゃないと、体がつらくなるよね」
ロボットＢ「そうそう」

ロボットＡ「おばあちゃんは、このごろ血圧が高いみたいだけど、大丈夫かな？」
ロボットＢ「心配だよね」
ロボットＡ「おばあちゃんには、ずっと元気でいてほしいよね」
ロボットＢ「元気でいてほしいね」

こんな会話を続けたあとに、ロボットＡが、「おばあちゃん、血圧測ってね」と言うと、あっさりと言うことを聞いて血圧を測ってくれることが多くなります。

これも私の研究ではありませんが、二台のロボットを使うというのは、私の研究室でもよく使うＨＡＩの研究アプローチです。

直接的に「これをしてください」と言われると、素直に従う気にはなれないことが多いものですが、まわりの人たちが自分のことをとても心配してくれていることがわかると、気持ちが動きます。

自分のことをとても大切に思い、心配してくれている雰囲気のなかで、「これをしてね」と言われれば、「やってみようかな」という気になるものです。

技術的な側面から言いますと、人間とロボットが自然な会話をできるようにつくりこむことは簡単ではありません。人間の言葉を聞き取って、きちんと認識し、文脈や状況に応じた言葉を返すには、非常に高い技術が必要です。

しかし、二台のロボットのかけあいであれば、自然な会話を、シナリオを書いてつくりこむことができます。ロボットと人間の自然な会話は難しくても、ロボットどうしなら自然な会話が可能なのです。

二台のロボットが高度な会話をしているなかに人間が参加すると、人とロボットのあいだのやりとりはきわめてシンプルなものになっても、ロボットどうしのかけあいで高度な会話が行われるため、全体として高度な会話が実現されたと感じられます。

ＡＩの技術は「高度な会話」の実現をめざしており、高度な自然言語処理が研究されています。一方、ＨＡＩの技術は、「高度な会話ができたと認められること」をめざしているのです。

また、ＨＡＩは、人とかかわることで技術的ハードルを下げることができます。

ゴミ箱型ロボットの例では、ゴミ拾いを完全に自動化させるシステムをつくるよりも、ゴミの前でモゾモゾしているだけのシステムをつくるほうが簡単です。でも、人間が協力してくれるので、ゴミはすっかりなくなり、得られる効果はＡＩのみで解決しようとする場合よりも高いことが多々あります。

二台のロボットを使うアイデアも、本来であればロボットが自然な会話をできるように、高度な自然言語機能を組み込まなければならなかったものを、二台のロボットにシナリオどおりの会話をさせるだけですから、技術的に簡単です。

そのうえ、二台のロボットを使ったほうが、人が言うことを聞いてくれる可能性が高まると考えられます。

つまり、HAIは、人とかかわることで技術的ハードルを下げ、人とかかわることで得られる効果を大きくする技術だといえます。この特徴は、社会にHAI技術を実装していくときに非常に大きなメリットになります。

エージェントが乗り移るシステム

二〇〇六年に発表され、ヒューマンインターフェース学会で論文賞を受賞した研究に、「エージェントが人間や物に乗り移る」というものがあります。

エージェントとは、ロボットより広い概念で心が想定されているもの（ロボット、CGキャラクター、人間の三つを含む、より抽象的な概念）を指しています。
状況を説明しますと、目の前にディスプレイがあり、そのなかにヒト型のエージェントが映っています。そのエージェントとユーザーが会話をして遊びはじめます。

エージェント「スイカ割りしない？」
ユーザー「いいよ」
エージェント「声で教えてね」
ユーザー「右」
ユーザー「左」
ユーザー「左」
ユーザー「そこだ」
＜エージェントが見事にスイカを割る＞
エージェント「やったね！」

こうやって何度か遊んで、エージェントとユーザーは仲よくなります。

エージェント「ねえ、これからお出かけするんだよね」
ユーザー「そうだよ」
エージェント「私も行く。帽子の色は何色がいいかな」
ユーザー「黄色」
エージェント「黄色かぁ。じゃあ、これにしよっと」
＜エージェントが黄色い帽子をかぶる＞
エージェント「じゃあ、行こう」

ユーザーの服のお腹のところにディスプレイがついていて、エージェントがデスクトップのディスプレイから消えて、お腹のディスプレイに移動します。あたかもエージェントがユーザーに乗り移ったかのような状態になります。

一九七〇年代のアニメ「ど根性ガエル」(原作・吉沢やすみ)では、カエルのピョン吉が主人公ひろしのシャツに貼りつきましたが、そんなイメージです。

この「乗り移る」システムを使って、今度は、エージェントが電気スタンドに乗り移ります。

エージェント「なんだか暗いね。明るくしてあげるね」

＜エージェントが電気スタンドのディスプレイに映る＞

エージェント「明るくなった？」

ユーザー「なった」

エージェント「よかった」

これだけだと何がすごいシステムなのかわからないと思います。この研究を中心になって進めている北海道大学の小野哲雄先生にうかがったところ、この研究のすごさはエージェントとのやりとりを経験したユーザーがもつ、エージェントに対する愛着の大きさにあるそうです。

たとえば、先ほどの例でエージェントが電気スタンドに乗り移ったところで、意地悪な実験協力者が入ってきて、「その電気、まぶしいから消してくれませんか」と言います。ユーザーはしかたなく電気を消します。そうすると、エージェントは消えてもう二度と現れなくなるという演出になっています。

いつまで待っても、どこを探しても、二度とエージェントは現れません。ユーザーは深く動揺し、「ぼくはとんでもないことをしてしまった」という気持ちになるようです。

実験に参加しているユーザーは情報系の大学院生で、なかのシステムがどうなっているかという工学的なことは理解できていたと考えられるそうです。それなのに、仲よくなったエージェントが消えたことで、悲しくなってしまうのです。

HAIのコア技術は「他者モデル」を想定させること

専門的に言うと、HAIのコア技術は、人に「他者モデル」を想定させることだ、と私はとらえています。

他者モデルというのは、自己モデルと対比される用語です。一般的な言葉で言い換えるなら、自己モデルは「自分の心」のモデルであり、他者モデルは「他者の心」のモデルです。

人は、人どうしのやりとりのなかで、「自分だったらこう感じるだろう、こう思うだろう」という自己モデルを応用して、他者の心を推定すると考えられています。
ただ、人間関係のなかでは、他者モデルが想定されていない場合がけっこうあります。たとえば、自分の部下を人と思っていない上司がいるとすれば、他者モデルを想定していないと言っていいかもしれません。

他者モデルを想定していない場合、部下は「人」ではなく、たんなる「人的リソース」という認識になりがちです。この仕事に対しては、この人的リソースを割り当てればOKというような計算しかしておらず、部下の心を想定していない言動が起こります。

それに対して、他者のなかに心を想定するのが他者モデルです。対人関係においては、他者モデルを想定している人が多いだろうと思います。他者モデルは、人間以外の生き物に対しても想定できます。飼っているペットに心を想定し、家族のように大切にしている人もいます。

あるいは、人工物のなかに心を想定することもできます。ゴミ箱型ロボットを見て、「かわいそう」とか「助けてあげたい」と思うのは、ロボットに心があるかのように見ているということです。これも他者モデルです。

心を想定するかどうかは、その対象が人間か否かで決まるわけではありません。人間に

心を想定する強力さ

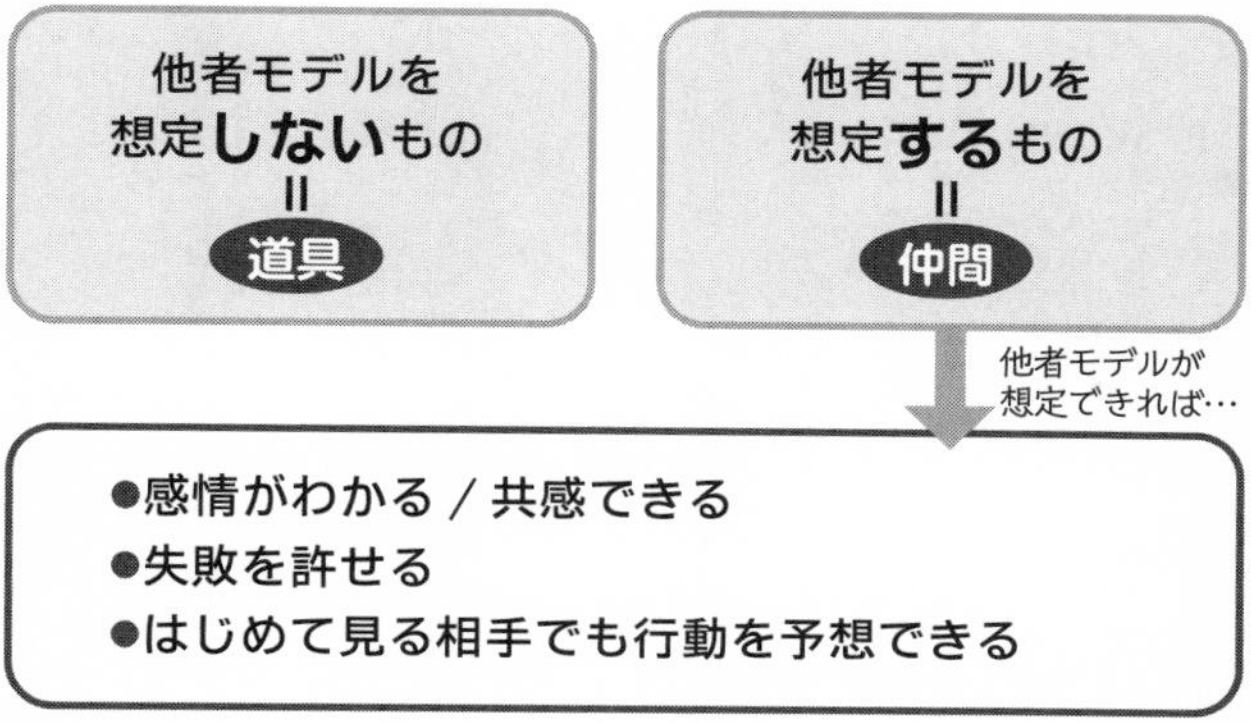

対しては心を想定しやすく、物に対しては心を想定しにくい面はありますが、人工物に対して人が心を想定しやすくするための技術があれば、物に対しても心を感じやすくなります。

ざっくり言うと、他者モデルを想定しない他者というのはたんなる「道具」であり、他者モデルを想定した他者は「仲間」のような存在になります。

ドラえもんは人工物ですが、のび太はドラえもんというロボットのなかに心を想定し、ドラえもんの気持ちを推し量っています。そういう意味で、ドラえもんは、のび太にとって「道具」ではなく、「仲間」です。

私たちが思い描いているのは、「道具」としてのドラえもんではなく、「仲間」としてのドラえもんということになるかと思います。

「意図スタンス」のときに相手の心を感じる

どういうときに心を想定するかは、研究によって整理されています。基本となっているのは、ダニエル・デネットというアメリカの哲学者が考えた三つのスタンスです。

①物理スタンス
②設計スタンス
③意図スタンス

①の「物理スタンス」は、物理法則に従って他者の動きを予測するスタンスです。りんごが木から落ちることを予測するのは、物理スタンスです。
②の「設計スタンス」は、設計を想定したスタンスです。
たとえば、めざまし時計を朝七時にセットすると、七時に音が鳴ります。これを物理ス

タンスで見ると、めざまし時計の中のバネが物理法則で動いていて、ベルを鳴らすという見方になりますが、設計スタンスでは、物理法則を無視し、指定した時刻に音が鳴るように設計（プログラム）されていると抽象化した見方をします。設定した時刻に音が鳴るように設計されているから、七時に音が鳴るというとらえ方です。

③の「意図スタンス」は、意図を想定したとらえ方です。

朝七時に母親が起こしにきてくれるケースを考えてみましょう。

物理スタンスでとらえるならば、母親の脳のニューロンが指令を出して足を動かし、子供のベッドのところまで移動して、声を出して起こしてくれるということになります。でも、そんなふうにとらえる人はいないでしょう。

設計スタンスの場合は、母親が朝七時に起こすように設計されているととらえますが、そういうとらえ方をする人もいないはずです。

「明日も朝七時に母親が起こしてくれるだろう」と思う人は、母親の意図を感じて、母親の行動を予測しています。「遅刻しないように」という母親の意図を想定しているわけです。

簡単にまとめると、（人や物を含めた広い意味で）ある他者のふるまいを、何に帰属させて予測・解釈するかです。物理法則か、その他者の設計なのか、はたまたその他者の意図なのか、ということです。

この三つのスタンスのうち、意図スタンスで他者を予測するときに、他者に〝心〟を感じることがわかっています。

ゴミ箱型ロボットに対し、「かわいそうだから助けてあげたい」と思うのは、ゴミ箱型ロボットを意図スタンスでとらえているからです。ゴミ箱型ロボットが、ゴミの前でモゾモゾしている姿に「ゴミを拾いたい」という意図を感じるから、ゴミ箱型ロボットに心を感じ取って、「かわいそう」「助けてあげたい」という気持ちが呼び起こされるわけです。

こうした意図スタンスで見ることができるようにうまくデザインされているのが、ゴミ箱型ロボットです。

ロボットのモゾモゾした動きを見て、「内部でバネがこういうふうに動いている」と物理スタンスで見る人は、「かわいそう」と思うことはありません。

「このゴミ箱型ロボットは、ゴミの前でモゾモゾするように設計されている」と設計スタンスでとらえている人も、「助けてあげたい」と思ったりはしないはずです。

二台のロボットが会話しておばあちゃんに血圧を測ってもらう例も、私なりの解釈ですが意図スタンスの観点から説明できると思います。

二台のロボットの会話のなかで、「おばあちゃんが心配。おばあちゃんに元気でいてほしい」という意図があるかのようにかけあいが行われるから、ロボットに心を感じて、おばあちゃんの心を動かすのです。

ロボットと人間の一対一では意図を感じさせるほどの会話は難しいですが、二台のロボットを使うと、意図を感じさせるレベルの会話が可能になります。

「動くイス」をどのスタンスでとらえているか

岐阜大学の寺田和憲《かずのり》先生が行った、「動くイス」を使った実験があります。無人の部屋の中に机とイスがあり、人が部屋に入ると、イスが動きだします。参加者たちは、イスが動くことを知らされずに部屋に入ります。

この実験では、参加者が、どのようなスタンスでイスをとらえているかによって、行動が違ってきます。

ある参加者が部屋に入り、イスに近づくと、イスが机から離れて後ろに動きました。この参加者は、「座れということかな」と考えて座ろうとします。

ところが、座ろうとするとイスが逃げてしまう。「このイスはいったい何をしたいのだろう」と思って、参加者は一生懸命にイスを見ます。

じっと動きを見ていると、イスが別の机のところに行って前後に動いています。「この机の前に座れ」ということかなと思って座ろうとすると、見事に座ることができます。この参加者は、イスの意図を読み取って、イスに座ることができました。

また、別の参加者は、部屋に入ってイスが動きはじめると、ちょっとびっくりします。この参加者は、イスが動いている様子をじっと観察しはじめました。「自分の動きに反応して動いている」と考えたのでしょう。センサーがどこかにあるのだろうと思って、イスの下を見たりします。どこかにあるはずのセンサーを意識しながら、自分がいろいろ動いて、イスがどういう反応をするのかを、ずっと探りつづけました。

ほかにも、部屋に入ってきて、動くイスをずっと眺めているだけの参加者もいました。何らかの機械的な仕組みで、物理的に動いていると思ったのでしょうか。動くイスをただ見ているだけでした。

同じようにイスが動いているのに、三人の反応は違いました。おそらく、一番目の人は意図スタンスでイスを見ており、二番目の人は設計スタンスで見ています。三番目の人は物理スタンスで見ていたのでしょう。

この実験は、動画が撮影されています。動画を順番に見ていくと、最初の意図スタンスの人の動画を見ている人も、イスに意図を感じるようになります。

そして、二番目の人、三番目の人の動画を見たときに、「なんで、こんなにイスががんばって伝えようとしているのに、イスの気持ちがわからないの？」というような気持ちになってきます。イスの気持ちを読み取れない参加者を見て、もどかしくなるのです。

いったん、意図スタンスでイスを見はじめると、イスが心をもった生き物のように見えてくるわけです。

感情は、相手の状態を予測することから生まれた？

まだ、私がドラえもんの定義をまったく決められなかったころ、「何ができたらドラえもんなのか」を考えました。大学四年生のころ、その問いに対して私が出した答えが、「感情と記憶」でした。

それをきっかけに、まずは世の中では感情についてどのような研究がされているのかを調べはじめたのですが、感情をつくろうとする研究は、自分が想像していたものとはかけ離れていました。

たとえば、イメージとしては、「ロボットの興奮度合いを**a**として、ロボットの快適度を**b**としたら、喜びの感情は**a**と**b**を使ってこの式で表すとうまくいく」といった感じでした。

たしかに、工学として簡単につくるための方法としては、これが妥当なのは理解できるのですが、ドラえもんの感情がこのようにつくられていたら、ほんとうに魅力的なのだろうかと疑問に思ったのです。

調査を始めて一カ月もしないうちに、工学における感情の研究の魅力が薄れていくのを感じました。でも、さらに感情について深く調べていくと、「前適応」という考え方に出合ったのです。

前適応というのは、もともとは別の機能のために発達した機能が応用されて、それ以外の機能に転用されるという仕組みです。生物の進化においては、この前適応という仕組みが大きく働いていると考えられています。

たとえば、鳥はいきなり空を飛べたわけではなく、体を温めるために羽毛が発達し、あるとき、その羽毛を羽ばたかせてみたら空を飛べるようになり、生存確率が一気に上がったと考えられています。

コンピュータ・プログラムの場合は、あるプログラムを追加すれば、その瞬間に機能が備わりますが、生物の進化の過程では、ある機能が突然現れることはなく、別の機能が転用されて、次の機能を獲得するようになっていることを知りました。

では、感情はどのような機能から前適応して発現した機能なのでしょうか。

その答えとなる仮説として、「自分の感情や心を認識する能力は、他人の感情や心を読み取る力を自分に向けて応用している」という理論を知ったのです。

生物は、ソワソワ動いている猛獣がいるときには、興奮状態にあることを予測して逃げなければ殺されます。他者のふるまいから、相手がどういう状態にあるかを予測する機能は、進化の過程の早い段階から備わっていたはずです。

その機能を自分に向けて、自分が興奮状態にあるときには、「いま自分は怒っている」と推測することで、感情というものが発達していったのではないかと考えられます。

有名な話に、「吊り橋効果」があります。よくいわれる例でいえば、吊り橋の上で意中の人に告白すると成功率が高い、などといったものがあります。

高い場所に立つと、それだけでドキドキします。そんなときに告白されると、無意識に、好きでもない人に告白されたのにドキドキしているという違和感が生まれます。この無意識の違和感を「認知的不協和」と呼びます。

すると、人は、認知的不協和が起こっている状態を避けようとします。この状況で認知的不協和を解消するためには、告白された状況を消すか、ドキドキしている状態から脱するか、目の前の相手を好きだと思う感情をもつか、のいずれかです。

こういった際の多くの場合、みずからの感情のほうが変えやすいといわれており、目の前の相手を好きだという感情を捏造《ねつぞう》することで、この違和感から逃れようとします。これを認知的不協和の解消と呼びます。

ここで注目すべきは、好きという感情は状況や状態にあわせて、あとから生まれてくることです。言い換えれば、自分の状況や状態から、感情という内部状態をみずから予測しているともとらえられます。ちなみに、ここではわかりやすさを優先して説明しましたが、実際の吊り橋の実験は、より定量化しやすいかたちで実施されています。

相手の動きを予測する機能が発展してみずからの感情を生んだとすれば、他者とかかわるからこそ豊かな感情が生まれるとも思えてきます。

つまり、ドラえもんの中身の知能については、単独で考えるのではなく、のび太という存在をしっかり見据えることが不可欠だということです。のび太とかかわり、のび太の気持ちを考えられるドラえもんだからこそ、その機能と同質なものがドラえもんの感情機能として備わっていると考えられるのです。

そうであるなら、単独でドラえもんロボットをつくっても、ドラえもんに豊かな感情をもたせることはできないのではないでしょうか。のび太とかかわるドラえもんをつくることで、ドラえもんに豊かな感情が生まれるわけですから。

だからこそ、ドラえもんに感情をもたせるには、人とロボットがかかわりあうＨＡＩの技術が重要になってくるのです。

人の心を予測する機能が人間の知能を大きく高めたかもしれない

はじめて会った相手に対して、「いきなり殴りかかったら相手は怒るだろうな」と予測できるのは、自分がはじめて会った相手から殴りかかられたら腹が立つからです。私たちは、自分に置き換えて、相手の心を慮《おもんぱか》ることができます。

人間に共通する心という動作原理を想定することによって、はじめて会った人とでも、ある程度、予測可能な状態でコミュニケーションをとることができます。

逆に、相手が自分のもっている動作原理とあわないような動きをしているときには、予測不能になって、たとえば、やりとりできる他者としてとらえられなくなったり、場合によっては「怖い」という直感が働いたりします。

人には他者の心の状態を予測する能力があると考えられますが、人の心を予測することは、多くの生物がもっている予測という機能のなかでも特別な情報処理といえます。

第一に、相手の心は直接的に知ることができません。こんなにも重要な予測にもかかわらず、完全に目に見えないものをある種の思い込みで予測しているのです。

第二に、心を読むという情報処理は、理論的に無限大の計算が必要になります。なぜなら、そこには心と心の無限ループをはらんでいるからです。

どういうことかというと、一見、相手の心を予測すれば情報処理は完了するように思えますが、相手の心を予測するためには、相手の心の中にある「自分の心」を予測する必要があります。

たとえば、ドラえもんについて二人で会話をしているシチュエーションならば、「相手はドラえもんを好きだろう」と、相手の心の状態を予測するだけでなく、「相手は『自分はドラえもんを好きだろう』と予測しているだろう」と、予測する必要があります。

これはさらに、「相手は『自分は〈相手はドラえもんを好きだろう〉と予測しているだろう』と予測しているだろう」と予測する必要があります。

以下、同様に、この構造は無限ループします。

心の読み合いは特殊なので、研究者のなかには絶対に正解がわからず、無限ループしてしまう情報処理を一生懸命解明するために、ヒトの脳が特別発達したと考えている方もいるようです。私もこの説には肯定的な印象をもっています。

では、予測の情報処理が終わらないから行動に移せないのかというと、そうではなく、人はどこかのタイミングで情報処理を打ち切って、行動しているといえるでしょう。

「囚人のジレンマ」は、相手の心を読んで予測する典型的な例です。

- 二人の共犯者が別々につかまっているときに、相手が自白しなくて、自分が自白すれば、自分は釈放。
- 相手が自白して、自分が自白しなければ、自分は懲役十年。

囚人のジレンマ

自分＼相手	自白する	自白しない
自白する	自分 懲役5年 相手 懲役5年	自分 釈放 相手 懲役10年
自白しない	自分 懲役10年 相手 釈放	自分 懲役2年 相手 懲役2年

・相手が自白して、自分も自白すれば、自分は懲役五年。
・相手も自分も自白しなければ、自分は懲役二年。

相手の心をうまく予測できれば、刑に服する期間は短くなります。いわば、生存確率が高まるということです。相手の動きを予測する機能は、ほかの生物種にも備わっているという考え方もありますが、いずれにせよヒトにはおよびません。

とくに、ヒトは、自然言語をもっていることで心の状態を他者に綿密に自己開示できたり、予測する際に優れた抽象的表現をもっているがゆえに、より効率的に情報処理ができたりしている側面があります。

やや専門的な説明になりましたが、簡単に言えば、ヒトは賢さゆえに自然言語を獲得したという解釈と同時に、自然言語を獲得したがゆえに賢さが飛躍したという側面もあるのではないかということです。

「自分が見ている世界」と「他人が見ている世界」

自閉症は、他者の心を読むことが苦手と考えられています。物理スタンス、設計スタンス、意図スタンスの三つのスタンスの観点で言えば、意図スタンスで物事をとらえにくいタイプです。

「誤信念課題」という、他者の心をどのくらい読み取れるかを調べる課題があります。

「左右に二つのカゴがあり、Aさんはフルーツを右のカゴに入れました。Aさんはどこかに行ってしまいました。そこにBさんがやってきて、右のかごのフルーツを左のカゴに移しました。Aさんがもどってきました。Aさんは、右のカゴと左のカゴのどちらにフルーツが入っていると思っているでしょうか」

フルーツは左のカゴに入っていますが、Aさんは、フルーツが左のカゴに移動されたことを知りません。Aさんは、右のカゴにフルーツが入っていると思うはずです。

大人はAさんがどう思っているかを読み取ることができるのですが、幼児は他者の立場に立って考える能力がまだ育っておらず、フルーツは左のカゴにあるのだから「左のカゴ」と答える傾向があります。

自閉症の子も他者の立場で考えることが得意ではないため、左のカゴにフルーツが移っているから、「左のカゴ」と答える子がいます。

多くの大人は、「自分が見ている世界」と、「自分が見ている世界のなかにいる『Aさんが見ている世界』」の区別がつきます。「自分が見ている世界のなかにいる『Aさんが見ている世界』」がわかることが、「相手の心を読む」ということです。自閉症はそういうことが苦手だとされています。

自閉症の子がひどく怒られがちな要因の一つとしては、どんなに怒られても他人からすれば平気な顔をしているように見えるため、誤解され、よけいに怒られるという面があるそうです。自閉症の子に、怒られたときには、頭の角度を下げて「すみません」と繰り返し言うように伝えると、怒られる回数が減ると聞いたことがあります。これは、設計スタンス的な指導をしているということです。

自閉症の子は、意図スタンスで相手の心を読むことは苦手かもしれませんが、「怒られたときには、頭の角度を変えて、すみませんと言う」という設計スタンスであれば、受け入れることができるようです。

ロボットの分野では、自閉症の子がコミュニケーションをとりやすいロボットの研究もされています。代表的なロボットが、「キーポン」という黄色いひよこのロボットです。「キーポン」の目にはカメラが内蔵されていて、人の存在をとらえて、そちらの方向を向くことができます。

「キーポン」は目をあわせるなどの簡単な動きしかできないロボットですが、「キーポン」を相手にしたときには、複雑な心を読み取らなくてもいいので、小さい子供でもコミュニケーションがとりやすく、自閉症の子もコミュニケーションがとれるといわれています。

こう考えると、いまは定型発達児と自閉症児というふうに分けられていますが、どちらかが正常、どちらかが異常ということではなく、前者はたまたま意図スタンスでとらえるのが得意な人で、後者は設計スタンスでとらえるのが得意な人、という違いだけの話かもしれません。

それはたとえば、世の中に右利きと左利きの人がいて、右利きの人のほうが多いというようなことに、もしかしたら近いのではないでしょうか。だとすれば、少数派といわれる左利きの人でも何不自由なく生きているのと同じように、自閉症であっても何不自由なく生きていける社会が、こういった研究の先にあるのではないかと期待しています。

このような理解が研究によって進んでいくと、ただ少数派なだけの方への理解や、そういった方が生きやすい社会をつくることがきっとできるのではないか、自閉症などといった言葉すら消えてしまうのではないかとも考えています。

もっと言えば、人は自分の予測の仕方を相手に当てはめて相手のことを予測し、予測しづらい他者については無意識に警戒する傾向があります。意図スタンスで予測する人にとっては、設計スタンスで予測することは難しいですし、逆もまたしかりです。

お互いがお互いを予測しやすくする術も、きっといまよりもっと明らかになるはずだと考えています。場合によっては、ドラえもん研究のなかから、そういった研究成果も出せたらいいな、出したいなと思っているわけで、あながち見当はずれの目標ではないと思っています。

ドラえもんをつくるには、ＡＩやロボット工学などの工学系の知見だけでは不十分です。ドラえもんは、人のように知的であるだけでなく、人と深くかかわりあえるロボットだからです。

この、人とかかわる部分に関しては、いまのコンピュータやロボットの中身だけに注目していたのでは、本質的な実現にたどり着くのは難しいのではないでしょうか。

ドラえもんの感情には、記憶も大きな役割を果たす

私がいちばん注目している脳領域の一つが海馬です。海馬は、記憶と関係のある領域と考えられています。なぜ、海馬に興味をもったのかというと、ドラえもんの本質は何だろうと考えはじめていたころ、最初にこれは外せないと思ったのが記憶だったからです。

もちろん、いまは当時よりはより広い視野でとらえることができていますが、それでも記憶というものが本質的だという考え方に変わりはありません。記憶は非常に大きな要素といえます。

前述した感情と記憶は、密接に関係しています。楽しい思い出の記憶があれば、同じような出来事があったときに、喜びの気持ちが湧いてきます。ドラえもんがどら焼きを食べてうれしくなるのは、どら焼きを食べておいしかったという思い出があるからです。

ドラえもんが、のび太から「ネズミ」と言われるたびにびっくりして飛び上がるのは、ネズミに出合って怖い思いをした記憶があるからです。目の前にネズミがいなくても、言葉だけで恐怖の感情が起こります。

のび太がドラえもんと一緒に過ごしているのも、ドラえもんがひみつ道具を出してくれるからではなく、ドラえもんと一緒に過ごしてきた記憶があるからではないかと思います。ドラえもんとの楽しい記憶があるから、ドラえもんと一緒にいると心地よいのです。

もし、そういう楽しい記憶がなければ、自分の家の押し入れから猫型ロボットが出てきたら、怖くなって逃げるはずです。

でも、ドラえもんと一緒に過ごしてきた記憶があるから、ドラえもんを異様な存在と見ることはなく、「おはよう、ドラえもん」と言えるのです。ドラえもんのなかにも、のび太と一緒に過ごしてきた記憶が残っています。

現在のAIには、人どうしで生まれるような、一緒に過ごした楽しい思い出の記憶機能はないと考えられます。記憶というものと向き合わないかぎりは、一人ひとりに寄り添ってくれるドラえもんはつくれないと思い、記憶について、実際の生物の脳を参考にしながら研究しています。

余談ですが、実際の研究ではヒトの脳ではなく、ネズミの脳を参考にした研究が主流です。なぜなら、ヒトの脳は解剖実験ができないなど研究上の制限が強いからです。ネズミに関してはそれが許されていることもあり、知見がとくに豊富です。ヒトもネズミも同じ哺乳類《ほにゅうるい》に分類されていて共通性が高いというのも、ネズミの脳の研究が役に立つと考えられている一因といえます。

ドラえもんが怖がるネズミの脳の知見をベースにするのは皮肉なことですが、ネズミの知能はとても参考になります。

遠隔操作は「どこでもドア」につながる技術

最近は、遠隔操作ロボットの技術が進化しています。ロボットが触ったものを、自分が触ったように感じて、ロボットが見たものを、自分が見たように感じられる技術も開発されています。ロボットがいる場所に、人間が瞬間移動できるようなものです。

これは、「どこでもドア」の機能ともいえます。人間の体は移動していませんが、移動したのと同じ体験をすることができます。

人間が移動しなくても、ロボットを通じて、その土地の景色、気候、雰囲気などをすべて味わうことができますから、誰もが「どこでもドア」に望んだ機能の一部は実現されています。これで満足できる方もきっといるはずです。

たとえば、ロボットさえいれば、会社や学校に瞬時にたどり着きたいといった願いは叶います。もうすでに世界的には実用化されていて、とある国際会議には、遠隔操作ロボットで参加できるようになっています。カナダで行われた学会に出席したことがありますが、会議場を遠隔操作ロボットが動きまわって、好きなセッションを聴講していました。

遠隔操作ロボットのなかでも、私はとくに半自律遠隔操作ロボットというジャンルの研究をしています。半自律というのは、自動でも動くし、人間が遠隔操作もできるという状態です。言い換えると、ロボットのなかに人間が乗り移ることもできるし、ロボット自体が勝手に動くこともできるということで、ちょうど人間とＡＩが一つの体を共有しているような状態です。

このような設定をすることで、いくつかの利点があります。

一つは、完全に自律操作する場合にくらべて、遠隔操作の負荷が少ないことです。細かい制御は自動でやってもらい、ほんとうに制御したい部分にだけ人は集中できるわけです。

もう一つは、人らしいふるまいを、AIに手取り足取り教えることができるという点です。どういうことかというと、半自律遠隔操作ロボットにおいて、人とAIは見聞きする情報や動かす体を完全に共有しているので、人の遠隔操作はAIにとって、人らしいふるまいのお手本に等しいのです。

そのため、AIは遠隔操作ロボットを介して、人らしいふるまいをどんどん学習することができます。場合によっては、特定の遠隔操作者らしいふるまいを学ぶこともできるかもしれません。そうなると、遠隔地にあるロボットが自分の分身のようになって、現地の人びとを助けるというストーリーも描けます。

これはもう、「どこでもドア」というよりは、「コピーロボット」の研究に近いかもしれません。

ドラえもんで、コミュニケーションはこう変わる

人と人のつながりのなかで、二人が向き合うのはすごく労力がかかることです。どちらかに余裕がないと、向き合うことを放棄するかもしれません。

余裕がないときの人のネットワークは、みんながみんなにやさしくありません。私は人に誠実でありたい、やさしくありたいと強く願い、実行しようと努力していますが、余裕がなくなって、どうしてもそれがうまくいかないこともありました。

でも、そこにドラえもんが入ることによって、向き合うエネルギーが補塡《ほてん》されると思っています。たとえば、AさんがBさんと向き合わなければならないのに、余裕がないとします。そのとき、ドラえもんがAさんを支え、場合によってはAさんと一緒になってBさんと向き合うことで、Aさんに、Bさんと向き合う余裕が生まれると考えています。

ドラえもんを媒介にして、みんなが余裕のある穏やかな気持ちになると、ネットワーク全体に余裕ができて、いい状態になっていきます。ドラえもんと人の関係がよくなると、人と人の関係もよくなります。

たとえば、こんな研究があります。

Aさん、Bさん、Cさんの三人がいて、AさんとBさんは仲が悪く、BさんとCさんも仲が悪いとします。こういうときには、AさんとCさんは仲よくなりがちです。共通の敵としてのBさんがいるから、AさんとCさんは仲よくなるのです。

AさんとBさんが仲よし、BさんとCさんが仲よしの場合は、Aさん、Bさん、Cさんの三人はみんな仲よくなりやすい。そうやって三人がバランスのいい状態をつくっていきます。これを「バランス理論」と呼びます。

バランス理論は、クレーム処理のエージェントづくりにも生かせます。HAIの国際会議で発表されたおもしろい研究の一つに、クレーム処理の取り組み例があります。

クレーマー（クレームを言ってきた人）は、店員に対して怒っています。クレーマーと店員の関係は最悪の状態です。そこにエージェントが介入します。

バランス理論に基づけば、エージェントが店員側に立って店員と仲よくすると、クレーマーとエージェントは仲が悪くなります。クレーマーはエージェントに反感をもちますから、エージェントが介入しても問題解決につながりません。

そこで、エージェントにはクレーマー側に立ってもらいます。エージェントがクレーマーと一緒になって、店員に強くあたります。エージェントは店員に対して、「そういう言い方はやめてください。もっとていねいな対応をしてください」などと、次々と文句を言います。

そうすると、クレーマーはエージェントが自分の味方をしてくれたと思って、エージェントと仲よくなり、エージェントのことを信用するようになります。

そういう関係づくりができたところで、エージェントが手のひらを返して、店員に対し、「この部分に関しては、あなたの言っていることも理解できます」などと言います。

クレーマーは、信頼を寄せているエージェントがそう言うので、気持ちが動きます。エージェントがクレーマーに、「この部分については、納得できますよね」などと言うと、「そうそう」という感じになって、少しずつ問題解決の糸口が見えてきます。

最終的に、クレーマー、店員、エージェントの三人が仲よくなって、三方よしのような状態になり、クレームが解決していくわけです。

このような諸研究をふまえれば、人間関係のなかにドラえもんが入ることによって、人間関係は変わっていくと考えられます。悪い方向に変わる可能性もありますが、うまくデザインされたドラえもんなら、いい方向に人間関係を変えていけるはずです。

コミックの『ドラえもん』のなかでも、ドラえもんは、のび太とママのあいだに入ったり、のび太とジャイアンのあいだに入ったりして、いい方向に人間関係を動かしています。

第3章
ミニドラのようなロボットを、みんなで育てる

ミニドラとは？

ドラえもんづくりのロードマップのなかで、重要な役割をもっているのがミニドラです。ミニドラは、「ドラえもん」に登場するキャラクターですが、自然言語を話さないロボットです。この自然言語を話さないロボットが、ドラえもんづくりには非常に重要なのです。

ミニドラについてご存じない方も多いと思いますので、まず、「ドラえもん」のなかのミニドラについて、説明しておきたいと思います。

ミニドラは、「ドラえもん」のなかに出てくる小さなロボットです。設定は三〇センチメートルだったり、もっと小さかったり、まちまちですが、ドラえもんと同じ形をしていて、自然言語を話さず、ポケットから出す道具がミニサイズである以外は、ドラえもんと同じだけの性能があるとのことでした。

ミニドラは、一九八九年公開の映画「ドラミちゃん ミニドラSOS!!!」に登場してよく知られるようになりました。この映画の設定は、のび太たちの時代よりも先の未来で、のび太、ジャイアン、スネ夫の息子たちが出てきます。

のび太の子供はやんちゃで乱暴な設定、ジャイアンの子供はやさしくて泣き虫の設定です。のび太とジャイアンの性格が、子供の代には入れ替わって逆になっているのです。映画では、ミニドラと一緒に子供たちが騒動を巻き起こします。

このときのミニドラは赤色をしています。ひみつ道具は全部ミニサイズであるがゆえに、「どこでもドア」も超ミニサイズで、腕しかドアのなかに入らず、向こうの世界へ行くことはできないというおもしろい話が展開されています。

この映画以降は、ミニドラはときどき登場する程度でした。序章でふれた、一九九三年公開の映画「ドラえもん のび太とブリキの迷宮」にもミニドラが出てきます。また、二〇一八年の映画「ドラえもん のび太の宝島」では、十八年ぶりにミニドラが登場しています。複数のミニドラたちが出てきて、大活躍でした。

現在のミニドラの正式な設定としては、ドラえもんが誘拐犯を捕まえたごほうびとして、二一二五年十二月二十五日に、ドラえもんと同じ型のミニドラえもんが生産されたことになっています。ですから、ミニドラの誕生日はクリスマスです。

ミニドラはたくさん生産されていて、赤、緑、黄色など、いろいろな色のミニドラがいます。

私がミニドラに注目したのは、ミニドラは「ドララ」「ドラドラ」といった非自然言語しか話せないのに、みんなと自然言語的なコミュニケーションがとれているからです。

どういうことかというと、ミニドラが「ドララ」としか言っていないにもかかわらず、まわりのキャラクターたちが「怒っているの?」「どら焼きが食べたいの?」と、サポーティブなコミュニケーションが展開されるのです。このコミュニケーション方法を実現できないだろうか、と考えたわけです。

AI分野では、いかに正確に自然言語を読み取るかという研究が盛んです。ディープラーニングを使って、大量の言語データを読み込ませて、言語を読み取る精度が競われています。

しかし、むしろ逆のアプローチをしたほうが、人間のほんとうのコミュニケーションに近づくのではないかというのが、私の考えでした。

人は予測して会話をしている

映画「謝罪の王様」(脚本・宮藤官九郎、監督・水田伸生)に、こんなシーンがあります。

謝罪のプロを演じる阿部サダヲさんが、

「人は怒っているとき、まったく聞く耳をもっていません。どれくらい聞いていないか、簡単な実験をしてみましょう」

と言って、依頼人に、「たしかに」という言葉の「た」という文字を「ぱ」に置き換えて話してもらいます。

相手　「×△○×?△×（怒）」
こちら　「ぱしかに」
相手　「○△×?△□×◇×（怒）」
こちら　「ぱしかに」
相手　「◇×!○△?×△（怒）」
こちら　「ぱしかに」

神妙な顔をして「ぱしかに」と発話すると、相手はまったく気がつきません。正確に発話しなくても、相手には「たしかに」と聞こえているようです。

映画のなかで、阿部サダヲさんは、

「神妙な顔をしていれば、相づちなんて何でもいいんです」

と言って、「ぱしかに」を「パスカル」に変えます。

さらに、「パスカル」を「ラスカル」に変えます。

さすがに「ラスカル」になると、相手も「たしかに」と言っていないことにようやく気がつきます。

私は、これと同じ実験をいろいろな場でやってみました。

たくさんの人に、思い切って「ぱしかに」と言ってみるのですが、気づかれたことはまずありません。

音声認識の技術を徹底的に磨いた先にあるAIであれば、「ぱしかに」と言えば、「ぱしかに」と認識するはずです。「たしかに」と誤って認識することはありません。ですが、これがはたしてゴールなのでしょうか。

では、なぜ、人間は「ぱしかに」が「たしかに」に聞こえるのか。

それは、「たしかに」と言っているだろうと予想して聞いていて、それと誤差の少ない音が聞こえてきたからです。「たしかに」と「ぱしかに」は誤差が少ないため、「たしかに」と受け取るのです。

「たしかに」と「パスカル」はやや誤差が大きいので、違うことを言っていると気がつきやすく、さすがに「ラスカル」だと気づいてしまう、といったところでしょうか。

予測誤差で判断するプレディクティブ・コーディング

「プレディクティブ・コーディング」という有名な理論があります。人間の脳は、つねに次に受け取る入力について予測を行っているという、脳の情報処理に関する理論です。

脳は、学習で獲得した内部予測モデルに従って、脳の上の層から下の層へ予測信号を伝達します。トップダウンの伝達です。予測信号と入力刺激の誤差が許容範囲だった場合に、入力されたのは予測信号と同様のものであると認識します。

人間の脳は、外から脳の内部に入れる方向の神経投射の一〇倍くらい、内部から外に予測する神経が伸びているそうです。入力される情報を予測して、それとの誤差によって知的処理をしているわけです。この理論仮説において、人間の知的システムの基本原理は「予測誤差最小化」と考えられています。

誤差情報は脳の下の層から上の層へと伝達されて、内部予測モデルによる予測が更新されます。前述の例で言えば、「ラスカル」で違和感を覚える部分に対応しそうです。

現在のディープラーニングは、認識精度が高く、画像や言語をまちがいなく認識する仕組みをめざしていますが、それがほんとうに人間の知的処理の根源なのだろうかというのが、私の問いでした。

コンピュータの分野からAIにアプローチしている研究者たちは、情報処理の精度が高い技術をめざしています。大量のデータを集め、大量の計算機資源を使い、大量の時間をかけて学習させて、認識精度を高めています。

でも、人間の通常の会話では、相手が言いまちがえても、こちらが聞きまちがえても、「だいたいこんなことを言っているのだろう」とわかります。自分の予測とあまり違わないと認識できれば、会話はどんどん進んでいきます。正確な認識が前提になっているわけではありません。

私は、ディープラーニングのような精度の高い仕組みではなく、人間の脳の知的処理に近いものをつくろうとアプローチしているところです。

「ドラドラ」だけで会話が成立する

人間が相手の言っていることを予測しながら会話をしているとすれば、ミニドラのように「ドラドラ」としか言えなくても、コミュニケーションがとれるのではないかと考えました。

三年ほど前、後輩たちと勉強会をしているときに突然、たとえ「ドラドラ」としか話せなくても、しりとりができるのではないかと思いつきました。

いま思えば、なぜ、そんな突拍子もない思いつきをしたのか、自分でもわからないのですが、強引に後輩としりとりを始めると、たしかにできるのです。

大澤　「ドッラ」
後輩　「あぁ、いまの大澤さんのはラッパですよね？　じゃあ、パンダで」
大澤　「ドラドラ」
後輩　「え？　いま大根って言いませんでした？　負けましたよね？」

こうして、突如、ミニドラをめざすプロジェクトがスタートしたのです。それ以前からずっと、ロボットのなかに入れる知能の部分を開発していました。脳を参考にした機械学習システムです。

でも、どれだけ研究してもゴールが見えず、行き詰まりを感じていました。

「どこまでつくれば、ドラえもんづくりの全体像が見えてくるのだろうか」と思っていたときに、ふと、外部のインターフェースとしてミニドラのような「自然言語を話さない」というコンセプトが思い浮かんだのです。

そのようなエージェントをつくれば、フェーズが変わり、ドラえもんまでのゴールが見えると思って、気持ちが明るくなりました。このコンセプトを思いついたことで、ようやく、ドラえもんまでのゴールが見通せるようになったのです。

しりとりにとどまらず、本物のミニドラのように「ドララ」だけで完璧にコミュニケーションをとれるところまでたどり着きたい。これが目標となりました。

私たちがつくったエージェントは、「ドラ」「ドララ」「ドラドラ」「ドラ〜」などとしか話せません。何人もの人にしりとりを実験してもらい、なぜできるのか、どうしたらよりできるようになるのかを研究していきました。

ここでは、エージェントと女の子がしりとりをするケースを紹介します。

女の子が「りんご」と言って、しりとりを始めます。

女の子　　「りんご」
エージェント　「ドララ」
＜十二秒間くらい沈黙。女の子がずっと考えている＞
エージェント　「ドララ」
女の子　　「ゴンタ、とか？」
エージェント　「ドラァ？」
女の子　　「違うかぁ」
エージェント　「ドララ」
＜三秒間くらい沈黙＞
女の子　　「ゴリラ、って言った？」
エージェント　「ドラドラァ！」

女の子　　　　「ああ、じゃあ、ラッパ」
エージェント　「ドララ」
女の子　　　　「パンや？」
エージェント　「ドラドラァ！」
女の子　　　　「やさい」
エージェント　「ドラ」
女の子　　　　「イスって言ったね？」
エージェント　「ドラァ！」
女の子　　　　「じゃあ、すいか」
エージェント　「ドラ」
女の子　　　　「かに？　違うか」
エージェント　「ドラァ！」
女の子　　　　「あってるの？」
エージェント　「ドラドラドラァ！」
女の子　　　　「じゃあ、にじ」

エージェント　「ドラドラァ、ドラドラァ」
女の子　「じ、から始まるの、ないね。にじ、やめよう。にんき」
エージェント　「ドラ」
女の子　「きいろ？」
エージェント　「ドラァ！」
女の子　「ろうそく」
エージェント　「ドラ」
女の子　「くまだ！」
エージェント　「ドラァ！」
女の子　「まる」
エージェント　「ドーララ」
女の子　「ルーマニア？」
エージェント　「ドラァァ！」
女の子　「アニメ」
エージェント　「ド」

女の子　「め？　それあり？（笑）まあいいよ（笑）」
エージェント　「ドラドラドラドラァ」

こんな具合に、三分間近く会話が続きました。女の子ははじめのうちは、エージェントの言っていることがわからなくて、沈黙が続いたり、「ゴンタ？」と不自然な予測をしたりしていましたが、だんだんエージェントの言うことがわかるようになり、普通の会話になってきました。

エージェントは、「ドララ」とか「ドラ」としか言っていないのですが、女の子が「パンや」「きいろ」「イス」「かに」「くま」などと読み取っています。エージェントが言いたいこと、つまりエージェントの意図を予測した会話になっていきます。

最後は、一文字の言葉を「め」と読み取って、笑いも起こっています。

この様子を撮影したビデオ画像を見ると、最後のほうは女の子が、あたかも人と会話しているかのように見えてきます。

エージェントに対して、意図スタンスで会話を続けていくことで、エージェントのなかに心を想定するようになったのではないかと思います。おそらく、この女の子は、エージェントをもうただのつくりものとは見ていないはずです。

こういう事例を集めて、人間の頭の中にどういう認識メカニズムが起こったのかを分析し、開発を続けようと考えているところです。

このケースでは、エージェントと女の子の会話が見事に成立していますが、じつは、エージェントが意図したことを女の子が正確に受け取っていたわけではありません。

エージェントが「ぱんつ」を意図して発話したものを、女の子は「パンや」と受け取りました。また、「かめ」と言ったのを「かに」と受け取り、「きしゃ」と言ったのを「きいろ」と受け取り、「くも」と言ったのを「くま」と受け取っています。

およそ半分のやりとりではエージェントの意図をまちがえて受け取っているにもかかわらず、女の子はコミュニケーションが成立していると信じ込み、とても楽しそうに満足した様子になりました。

自然言語より、非自然言語のほうがうまくいくことも

似たようなコミュニケーションの例として、ペットと飼い主のコミュニケーションがあ

ります。

飼い主が帰宅したとき、愛犬が「ワンワン」と鳴きながら駆け寄ってきたら、飼い主は「おかえり」と言ってくれていると感じるかもしれません。飼い主は、愛犬とのコミュニケーションに満足して幸せ感が得られます。

飼い主はうれしくなって、

「遅くなってゴメンね。お腹すいたよね」

と、愛犬にドッグフードを与えます。

実際には、愛犬の「ワンワン」は、たんに空腹を訴えるだけの「お腹がすいたよ〜」かもしれません。でも、飼い主は愛犬の意図を都合のいいように解釈して、「おかえり」と言ってくれたと思い、うれしくなってドッグフードを与えます。結果的には、飼い主も愛犬もどちらも満足しますから、飼い主が愛犬の意図を誤解したことはまったく問題にはなりません。

人間どうしの明確な言語のやりとりのほうが、むしろ問題になることがあります。家に帰ってきたときに、同居人が「おかえり」という言葉より先に「お腹がすいた」と言ったら、少しイラッとするのではないでしょうか。

つまり、非自然言語を用いることで、受け手が都合のいい解釈を取り入れることができて、受け手にとってむしろ気持ちのいいインタラクション（かかわりあい）が実現される可能性があるのです。

アニメ「クレヨンしんちゃん」（原作・臼井儀人）のコミュニケーションも、とても参考になります。「クレヨンしんちゃん」には、しんのすけと両親のほかに、妹のひまわり（ゼロ歳児）や飼い犬のシロが出てきます。二人（二人と一匹？）は話をすることができませんが、しんのすけとのかけあいは、心を想定した他者モデルが見て取れます。

たとえば、シロがいろいろな表現でしんのすけにアピールしてお願いをしたり、危険を知らせたりします。しんのすけはよく、「シロ、うるさいぞ」と言って、シロの意図と違う解釈をしますが、そのかけあいが非常におもしろい。シロは、自分の伝えたかった意図と、しんのすけが認識したことの誤差を感じて落ち込みます。他者モデルの極みのようなシーンが多く、見ていてワクワクします。

こうして考えると、言葉を話さない相手とのコミュニケーションをたくさん知っていることに気がつきます。「ポケットモンスター」のピカチュウや、「スター・ウォーズ」のR2－D2もまさにそれでしょう。

「ドラドラ」だけで完璧にコミュニケーションがとれるエージェントへ

ディープラーニングは完璧な音声認識をする自然言語の会話システムをめざしていますが、精度の高い音声認識を実現することが、人間らしい会話につながるとはかぎりません。「ドラドラ」しか言えないエージェントと女の子の会話のほうが、見方によってはむしろほんとうの会話に近い側面があるかもしれません。

私たちが考えているのは、「ドラドラ」だけで完璧にコミュニケーションがとれる会話システムです。

それが実現できれば、その拡張として「ドラドラ」だけでなく、「パパ」とか「ママ」といった単語をしゃべらせることは簡単です。それから、「パパ大好き」とか「ママこわい」と、単語を増やしていくことも容易に思われます。

こういった研究計画を練っていくと、その後のエージェントの発展は、赤ちゃんが言語を獲得していく順番と似ていることに気がつきました。赤ちゃんは、はじめは「あー」とか「うー」とか、「ドラドラ」程度のことしか言えませんが、周囲の大人が赤ちゃんの言葉を察してあげて、会話ができるようになります。

そのうちに、赤ちゃんは「パパ」とか「ママ」と言えるようになり、「パパ大好き」とか「ママこわい」などと、語彙《ごい》を増やしていきます。

大量のデータ分析で完璧な言語認識をさせるAIのアプローチよりも、言葉はわからなくてもコミュニケーションがとれる会話システムをつくって、あとで言語を増やしていったほうが、より人間的な会話に近づくという可能性は決して低くないと思います。

しかしながら、成功している研究事例は、私の知るかぎり、まだあるとはいえない状況です。だからこそ、このアプローチを深掘りしていくことに価値がある、と思うのです。

メタファーとしては、人間の赤ちゃんが言語コミュニケーションの脳神経回路をつくっていくような感じです。自然言語を話さないというエージェントをつくることは、人間の生育過程どおりに言語能力を育てていくアプローチの出発点に立つことなのです。

一方、現在のディープラーニングのアプローチは、いきなり成人の言語能力をつくるようなものです。

私たちとしては、完成したドラえもんを一気に広げるというのではなく、未完成のミニドラ的状態でどんどん広めていこうと思っています。未完成のミニドラエージェントが、いろいろな人とのインタラクションのなかで、学習したり、機能をブラッシュアップしたりすることを継続して、最終的にドラえもんができあがるというイメージです。

ある日突然、「ドラえもんが完成しました。明日から販売します」と言われても、普通の人は「そんな、わけのわからないものは怖い」と感じるはずです。そうではなく、「みなさんに協力していただいた、あのミニドラのプロジェクトが、ついにドラえもんになりました」と言われたほうが受け入れやすいはずです。

アニメ「風の谷のナウシカ」（監督・宮崎 駿《はやお》）に出てくるカモメのような形をした架空の飛行機「メーヴェ」のプロジェクトがあるのですが、ドラえもんをつくるうえでとても参考になる先行事例だと思っています。

メディアアーティストの八谷《はちや》和彦さんの「オープンスカイ」プロジェクトは、「メーヴェ」をモデルにした飛行機の試作や試験飛行に取り組んでいます。八谷さんは、この飛行機を飛ばすために免許も取っています。

アニメを見て「飛びたい」と思って、プロジェクトになったようです。飛行機の形は毎回変わっていきますが、そのつど「メーヴェ」のイメージを投影した飛行機ができて、進化しつづけています。「ここまできた」「さらに、ここまできた」という感じで、プロジェクト全体が「メーヴェ」のようです。

こういう先行事例があるなかで、私たちも同様のやり方をしたいと思っています。私たちのプロダクトの開発を社会が見守ってくれている、というのではなく、社会とプロダクトがつながっている状態で、一緒に成長していくというビジョンです。

私たちのロボットは、なぜ、顔がのっぺらぼうなのか

私たちのロボットは、顔がのっぺらぼうです。「なんで、こんなデザインなの？」とみんなに言われるのですが、いったんこのロボットに心を想定しはじめると、表情がないことで、むしろ自由に表情をイメージすることができます。ロボットというより、人が思い描いたエージェントの心を映し出すためのスクリーンのような感じです。

ロボットには、プロの声優さんの声が入っています。声優さんが、いろいろな表現の仕方で「ドラドラ」「ドラ」「ドラァ」「ドラ～」「ドラドラドラァ」などと言います。喜びの表現、悲しみの表現、びっくりした表現などさまざまです。

ロボットがうれしそうな声を出したときには、ロボットののっぺらぼうな表情を見て、

「笑っている」と、みんな言います。ロボットの声の感じによって、ロボットの顔が笑っているように見えたり、悲しい顔に見えたりします。ほんとうにそう見えてくるから不思議です。見た人がロボットの気持ちを推察して投影できるようになっているのです。

のっぺらぼうの顔も含めて、ロボットのデザインは、心理学的な実験を行い、分析してつくられています。デザインする前に、世の中に出ているいくつかのロボットのデザインを研究し、どんなデザインにすると受け入れてもらえるのか、一から理論をつくっていきました。

ロボットのなかには、「ペッパー」のように、役に立つけれどもかわいいとまでは思ってもらえないもの、「アイボ」や「ラボット」のように、かわいいだけを推し進め、役に立つことを徹底的に消したものがあります。

どうして二極化しているかについては、「適応ギャップ」という理論で説明することができます。この理論は、明治大学の小松孝徳先生を中心に理論として体系化されたものです。

人間は、ロボットに期待していた機能が期待値より下まわっていると、インタラクションをしなくなる傾向があります。

たとえば、「うまく話せるロボットだろう」と思ってコミュニケーションをとったのに、

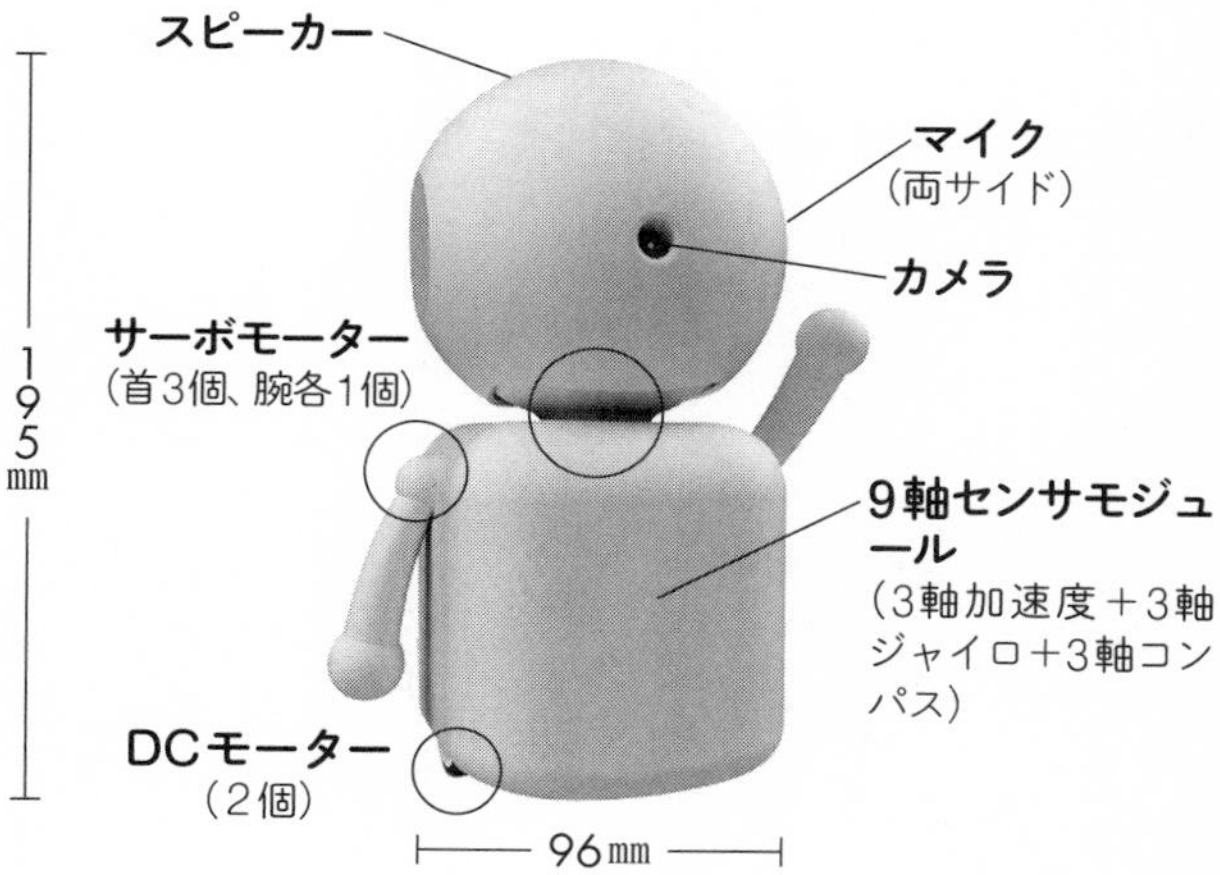

人並みの知性を想定してもらえる小さなロボット

ロボットがうまくしゃべれないと、期待値とのギャップが生まれます。ギャップが大きいと、「何だ、このロボットはコミュニケーションできないんだ」と落胆して、ロボットをコミュニケーションの対象から外してしまいます。

インタラクションを続けてもらうためには、期待を裏切らないことが大事ですから、もともとの期待値を下げていくしかありません。

人間は、ロボットに対して、人間の役に立つことを期待しがちです。「アイボ」は、子犬のようなデザインにして、「ぼくは何もできませんよ」というような雰囲気を出し、期待値を徹底的に下げています。そこまで期待値を下げておけば、「アイボ」に役に立つ機能を期待することはなくなります。

一方、「ペッパー」は、成人よりサイズが小さいとはいえ、人間のような格好をしています。人と同じようにコミュニケーションがとれそうな期待感をもってしまいますが、期待したほどのコミュニケーションはとれません。やがてコミュニケーションの対象とは見なされなくなり、インタラクションが減っていきます。

期待値をうまく設定して、適応ギャップをコントロールしないと、役に立つ道具としてのロボットか、かわいいだけのロボットに二極化してしまうのです。

めざすはかわいくて役に立つロボット

私たちは、役に立って、かわいいロボットをめざしています。機能とかわいさを両立させるために、適応ギャップについてあらためて理論を整理し、拡張しました。

これまでは、適応ギャップを生むか生まないかは、「能力が高く想定されているかどうか」という一つの軸で考えられていました。私たちは、これを二つの軸に分けて考えることにしたのです。

軸①＝理解する能力
軸②＝表出する能力

両者は一体として考えられていましたが、二つの軸に分けて考えると、二×二＝四のマトリックスができます。

「アイボ」は、理解する能力も、表出する能力も、両方とも低い状態でつくられています。「アイボ」に理解力があると思っている人はあまりいないでしょうし、言葉を話せるわけではないので、表出する能力も低い状態です。当然ながら、アイボに仕事を任せられるなどと期待している人はいないはずですから、仕事ができなくても怒る人はいません。

「ペッパー」は、おそらく理解する能力も、表出する能力も高いものをつくろうとしたのだと思います。理解する能力も表出する能力も、高い期待感を抱かせるロボットです。

「ペッパー」は自然言語を話す能力をもっていますから表出能力は高いのですが、こちらがしゃべったことを受けとめる理解能力については、期待していたより低いと思った人が多いのではないかと思います。

「ペッパー」は、表出能力は高いけれども、理解能力は期待値より低い領域にいるロボットといえそうです。

もし、理解能力も表出能力も高く、人の期待を裏切らないロボットができたとしたら、それはドラえもんの知性の部分が完成に大きく近づいていることを意味すると思います。世界じゅうの研究者がここをめざしていますが、実際にたどり着いている人はいません。

四つの領域のなかで、唯一、明示的に試みられていないのが、理解能力が高くて、表出能力が低いロボットです。そこをやったら何が起こるかという研究を、私たちはこのロボットを通じて行っています。

このロボットは、「ドララ」「ドラドラ」としか言えず、自然言語を話すことはできません。表出能力が低いので、こちらが助けてあげたくなり、「こういうことを言いたいの？」と聞いてあげたくなります。ユーザーのほうがのめりこんで、ユーザーの期待どおりのコミュニケーションをとってくれているかのようなバイアスを引き起こします。

結果、このロボットは人の期待を裏切りにくく、インタラクションがどんどん増えていきます。この領域を追求していったときに、役に立つという面でも、かわいいという面でも期待を裏切らないロボットが、はじめてできあがるはずです。これはかなりイノベーティブなことではないかと思います。

注意したいのは、当然、現在の技術では人並みの理解能力を実現することはできないということです。となれば、私たちのロボットも期待を裏切ってしまうのでは？　と思われるでしょう。

ですが、じつは期待を裏切りにくいのです。「表出能力を低くする」ということを言い換えれば、表出が曖昧である、ということになります。

すると、人間がその曖昧な表出に対し、勝手に好意的に解釈してくれるのです。しりとりでまちがった解釈のままどんどんコミュニケーションが進んでいったという事例は、まさにここにあたります。つまり、理解能力が高いとユーザーが思い込むのです。

では、これはユーザーをだますためのロボットなのかと、もしかしたら思われるかもしれません。でも、私はそうでもないと思っています。

人間の赤ちゃんは、表出能力も理解能力も低く、言葉も顔も認識できないときから、まわりに「人扱い」してもらった結果、人の知性を身につけていきます。人らしくなるよりも、人扱いされることが先なのです。

でも、ロボットをつくろうとすると、どうしても人らしくすることだけに取り組もうとします。ロボットも人らしくなるためには、先に人扱いされる必要があるのではないか、ということなのです。

失敗しながら学習していく

役に立つロボットは、基本的には「道具」ですから、便利なときや、必要なときしか使ってもらえません。用途によりますが、使われる回数は限られます。

かわいがってもらうために、役に立つロボットがキャラクター化されることもありますが、あまりかわいいと思ってもらえず、「便利な道具」という位置づけを抜け出せないことが多いようです。

一方、役に立つ機能がなく、かわいいだけのロボットは、ハマる人はハマりますが、ハマらない人はハマりません。かわいいから触っているだけで、それ以外には触る理由がないため、最初のうちは毎日かわいがってもらっていても、だんだんスイッチも入れてもらえなくなります。

かわいいという以外にも、触る理由をつくってあげないと、いずれ触ってもらえなくなります。かわいいロボットに、便利という機能を加えると、触る理由が出てきて、かかわり方が変わってくるのです。

いまのところは、便利な機能をもたないロボットですが、このロボットが、天気を教えてくれたり、エアコンをつけてくれたり、気遣ってくれたりすれば、かかわる回数を増やすことができます。

便利さのおかげでかわいさが増幅し、かわいさのおかげで便利さが増幅するというように両方が高まったときに、世の中に何かが起こる気がします。

かわいくて便利なロボットがユーザーとかかわりつづけていくと、ロボットがデータを学習して、性能が高まっていきます。最初のうちはシステムの精度が低く、失敗もしますが、かわいいと思うと、ユーザーはつい許してしまい、むしろいっそうかわいく思えてきます。

そして、それを繰り返していくうちに、精度が上がっていきます。やがて、人の心がわかり、人とコミュニケーションがとれて、人を助けてくれるロボットができあがります。

つまり、ドラえもんができるということにつながると考えているわけです。

見た目が幼く見えるようにデザインしてある

ロボットをデザインするときに重視したのは、次の四点です。

①インタラクションを引き出す外見であること
②過剰に高い能力が想定されない外見であること
③曖昧な外見にすること
④幼くすることで、ユーザーからの援助的なコミュニケーションを促進できること

①の条件は、みんながインタラクションしたくなるようなデザイン。つまり、かかわって、コミュニケーションをとりたくなるデザインです。

②の条件は、期待を裏切らないデザイン。たとえば、ロボットに人間の目を模した目を実装すると、黒目の移動やまばたきなどのふるまいを実装しないと、ユーザーの期待を裏切ってしまいます。

一つ目の条件と二つ目の条件は、相矛盾することがあります。人間っぽい形にすると話しかけてもらいやすくなりますが、「人間と同じことができる」と思われて、期待値が高くなりすぎるのです。

③の条件は、曖昧な外見。曖昧な外見にすることで、どんな表情にも見えるようになります。

笑っているようにしか見えない状態につくりこんでしまうと、悲しそうな声を出しているときでも笑っているように見えて、違和感が生じます。表情を曖昧にしておくと、楽しそうな声を出しているときには笑っているように見え、悲しそうな声を出しているときには悲しそうな顔に見えてきます。曖昧な表情にするほど、ユーザーの予測に基づいた認識が行われやすくなります。

④の条件は、幼い子供のような低年齢の人を想定させる外見。幼い印象によって、サポーティブな人間のふるまいを引き出せます。

私たちは、これらの条件を一つひとつ調べていきました。私たちのロボットとほかのデザインのロボットを対象に、十八歳から七十二歳までの二八九名にアンケート調査を行い、印象評価をしてもらい、それを比較しました。

それぞれのロボットは、手足があるもの、手があるもの、手足がないものなど、デザインの特徴があります。

私たちのロボットは、二頭身にすることで幼い印象に見せています。何歳くらいに見えるかをアンケートで聞いたところ、平均七・七歳で、五つのロボットのなかでいちばん低年齢に見えるという結果でした。幼稚園児〜小学校低学年くらいに見えるという答えが多く、分散もいちばん小さい状態でした。

手足をもったロボットは、平均十六・八歳で、中高生〜成人くらいに見えるようでした。私たちのロボットは幼く見えることで、「助けてあげたい」という気持ちを引き起こすことができます。幼児の面倒を見るように、つねにかかわってあげたいと思ってもらえれば、インタラクションが増えていきます。

また、私たちのロボットは、ちょっと間の抜けたところがあるロボットです。失敗も多いのですが、かわいいので許してもらえます。

私たちは、かわいがってもらうために、あえて間の抜けたロボットにしようとしているわけではありません。世界最高の技術をもっている集団というわけではないので、一生懸命につくっても失敗が起こります。

つくりこんだ失敗ではないけれども、当然のように失敗します。そのときに、かわいさを見出《みいだ》してもらい、「しょうがないね」と許してもらえるデザインとして、幼い印象が大事だと思っています。

声も、かわいさのポイントです。私たちのロボットには、プロの声優さんがかわいい声を入れてくれています。かわいい声で「ドラドラ」と言われると、赤ちゃんに言われたような感じがして、失敗してもつい許してしまうのではないかと思います。

私たちのロボットは、「言葉を話せそう」「話を聞けそう」「雑談できそう」という項目の評価は、ほかの人型ロボットより低く、十分に期待値が下がっていることがわかりました。期待値が低いですから、適応ギャップを抑えることができます。コミュニケーションがうまくできなくても失望させることは少ないと思われます。

このロボットを実際に手がけたのは、金沢工業大学の川崎邦将《くにまさ》君です。金沢工業大学はロボコンが強い大学として世界的に知られています。彼は、ロボコンチームのリーダーをずっと務めてきたロボットの専門家です。油絵もやっていて美術系にも強いので、その感覚もロボットのデザインに生かされていると思います。ＨＡＩの研究の知見を、実際のロボットに落とし込んでくれました。

現在のロボットを広げていって、最終的にはドラえもんをつくるわけですが、見た目をドラえもんの形にするかどうかは、決めていません。もし、ドラえもんの見た目にしなければならないときがきたら、そのときはドラえもんの形にするという感じです。少なくとも当面のあいだ、ドラえもんの形にする予定はありません。

大事なことは、ドラえもんらしさを追求することではなく、ドラえもんとのギャップを感じさせることを徹底的に排除することです。見た目だけドラえもんで、性能が低ければ、「期待外れ」と思われて、それ以上、かかわってもらえなくなります。ギャップを生まないようにすることが大事だと考えています。

ですから、ドラえもんの形を考えるのは、最後の段階です。

私たちのロボットには各分野の専門家のアイデアが詰まっている

私たちのロボットは、工学的な仕組みとしては、かなり自由度をもたせています。中にコンピュータが入っていますから、私たちのロボットは自律して動くことができます。また、無線通信で近くのコンピュータとつないで、外部コンピュータがロボットを制御することもできます。どちらかというと、いまは外部コンピュータで制御するケースのほうが多くなっています。

コンピュータ技術は、日進月歩で性能が向上しています。ドラえもんを完成させるには、三十年くらい先を見据えておかなければなりません。三十年後には、画期的な性能のコンピュータができているかもしれないわけですから、いまのコンピュータ性能でできることだけをしていては意味がありません。コンピュータの性能の制約がない状態で開発することが、ドラえもんへの最適解だと考えています。

無線通信の技術も、変わっていくはずです。現在の無線通信規格で開発をすると、数年後には変更が必要になるかもしれません。

電池の容量に関しては、ここ最近は、残念ながらあまり性能が上がっていません。今後、電池の技術がどうなるかは見えないところです。

一つひとつの技術について、いまの技術でとりあえず進めるものと、将来の技術を見越して準備しておくものと、取捨選択しているところです。

ディープラーニングほどのインパクトのある革新的な技術が近いうちに出てくることは考えにくいため、当面は、ディープラーニングも使いながら、自分たちの技術開発と組み合わせて進めていこうと思っています。

ロボットの機械的な部分も含めて、いろいろな分野の専門家の話を聞いてつくったのが、現在のロボットです。みんなの力を結集していますから、私たちのロボットをほめてもらったときには、素直に喜べます。

自分一人で全部つくったロボットの場合は、自分のいたらなさを知っているだけに、あまり喜べませんが、「この部分は、あの人が教えてくれた画期的な技術を使っている」「この部分は、専門家のアイデアが詰まっている」「デザインは、ロボットの専門家がやってくれた」ということがわかっていますから、素直に喜べるのです。

また、ほめてもらったときには、各専門家の方から、現在のロボットのための画期的な技術やアイデアを教えてもらったときの感動がよみがえります。

ロボットが人とかかわるデータを集めてくれる

ドラえもんの心を豊かにしている重要な要素の一つが、ドラえもんとのび太がかかわってきた記憶です。

そういう意味では、ドラえもんをつくるためには、ロボットと人がかかわりあった生のデータが必要です。

まずはミニドラ的ロボットをつくって、人と人が最低限かかわれるミニマムセットにします。そのロボットを広げていって、広がったロボットがたくさんの人とかかわります。ロボットが個々の人とかかわるなかで、独自のデータが集まります。そのデータを学習させることによって、より賢いロボットができあがっていきます。賢いロボットがさらに人とかかわって、データを集めていきます。

こうして、ロボットが社会とつながりながら、かかわりと学習のループをつくっていくと、そのループの最終ゴールにいるのがドラえもんです。

こういうプロセスでドラえもんができれば、みんなでドラえもんをつくったことになるのではないかと思います。かかわった一人ひとりがドラえもんを育てた協力者です。私たちのロボットと一緒に過ごして、ただ遊んで、楽しんでくれれば、それがドラえもんづくりへの大きな貢献となります。

私たちのロボットをいろいろなイベントにもっていくと、とても喜んでもらえます。

たとえば、あるリハビリテーション病院でロボットを展示したところ、車いすに座っているおじいちゃんが立ち上がりそうな勢いで、「あっ、なになになに」と言って、一生懸命コミュニケーションをとろうとしてくれました。このコンセプトのロボットには、人の心を動かす力がある可能性を感じました。

また、全国の国家公務員と地方公務員が集まるイベントにロボットをもっていったときには、参加者のお子さんたちがキッズスペースでずっとロボットに話しかけていました。子供たちは、ハマったようです。いろいろな子供がかわるがわる五時間くらいずっと話をしていたらしく、イベント終了時には「友達になったよ」と教えてくれました。

いくつものバージョンのロボットをつくってありますので、それらが全国に散っています。全国の大学生、高校生、社会人、いろいろな人と連携して活動しており、ロボットは九州にいたり、金沢にいたり、関西にいたりします。

九州では心理実験をしてくれていますし、金沢ではロボットとしての開発をしてくれています。関西では、ロボットの言語に関する研究をしてくれています。それらのデータが集約されて、次の開発に生かされていくわけです。

広げて、データを集約して、広げて、データを集約して、という仕組みを始めているところです。

私たちのロボットは現在、人とロボットが協創する未来の社会の象徴として、愛知県豊田市で常設展示されています。「ラグビーワールドカップ2019」の際には、「ドラドラ」でコミュニケーションがとれるのであれば、何語でもコミュニケーションがとれるだろうということで、公式の実証実験に使っていただきました。

第4章
仲間とつくるドラえもん

なぜ、「つくれる」と思えるようになったのか

私は「はじめに」で、以前はつくりたくてもなかなかつくれないと思っていたドラえもんが、つくれると思うようになったと述べました。その要因は、おもに三つあると思います。

〈要因❶〉自分なりの知識、自分なりの景色

たしかに、大人になっても本気でドラえもんをつくろうと必死でもがいている人はめずらしい（じつはこの活動を続けるなかで、私と同じようにドラえもんをつくりたいと思っている仲間に数人出会っていますが）といえます。

めずらしい目標をもっていると、そのアプローチも独特のものになっていきます。たとえば、現在、私は研究者の卵として、慶應義塾大学大学院で勉強中です。でも、たとえ研究者として成功しても、どんなにいい論文を書けても（もちろん、それはすばらしいことですが）、それだけでは私にとっての成功ではありません。最後にそれがドラえもんをつく

ることにつながらなかったら、意味がないのです。

すると、世の中にすでにある、○○で成功するためには××をすべきで、△△はすべきでない、といった常識は、自分にとって必ずしも当てはまりません。

たとえば、私は大学院に入ってすぐのころ、「学生のあいだはなるべく狭い分野を研究しなさい。一つの分野のトップに立つことが、研究者としての出発点になる」と教わりました。研究者として成功するために、それが正しい道であることはよく理解できました。

でも、自分が取り組んだのは真逆のことでした。徹底的に広い分野にふれ、広いつながりをもち、いろいろなことにチャレンジしました。ドラえもんをつくるためには、それが必要だと思ったからです。

学生としての数年間を人と真逆に過ごしてみて、もちろんデメリットもあるわけですが、メリットも確実にあることがわかってきました。自分が人と違う道を歩んだからこそ、自分にしか見えない景色があります。そして、それがドラえもんをつくるための武器になると確信できました。

たとえば、私は、知能をつくるための学問であるＡＩを専門にしながら、並行して神経科学や認知科学といった生物の知性を調べる学問を学びました。すると、つくる視点だけ

知能の本質に迫る

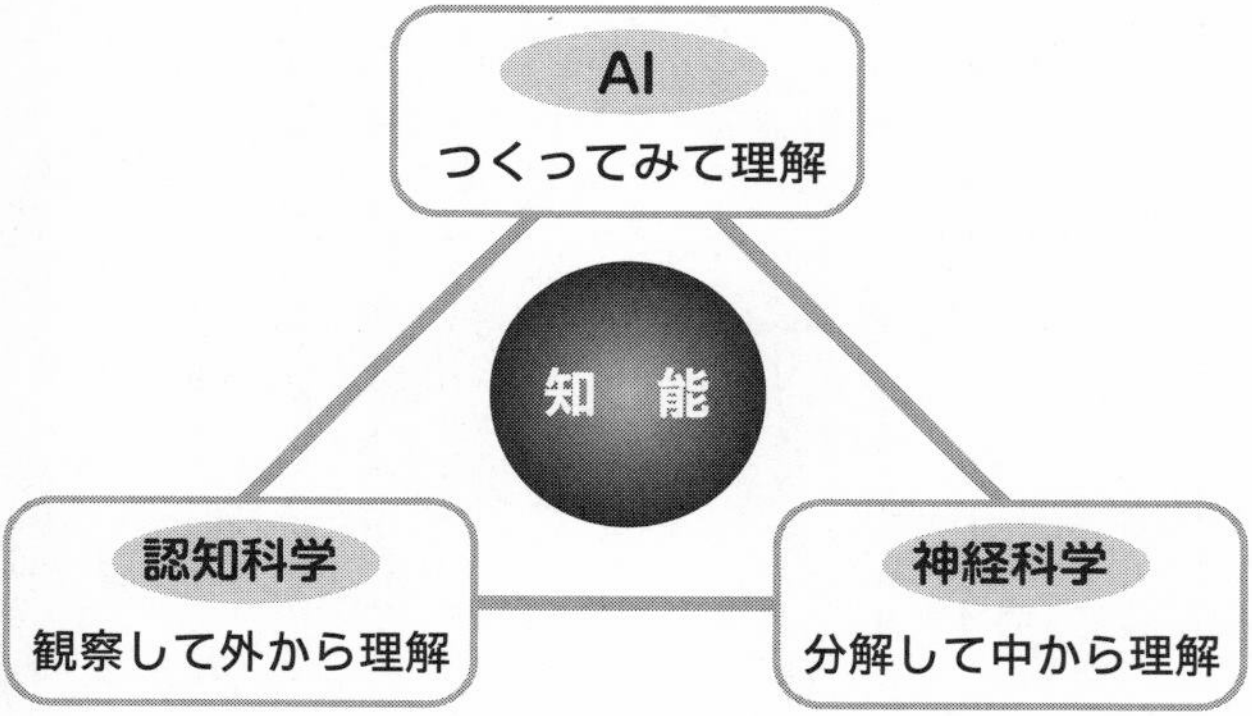

では気づけなかった、知能の本質に迫れる部分があったと思うのです。

〈要因❷〉ドラえもんをつくるための活動履歴

これまで私はドラえもんをつくるため、実際にさまざまな取り組みを行ってきました。それが机上の空論でなく、着実にドラえもんに向けて歩みを進められる自信になっています。そして、実際の活動を見てもらうことで、より多くの人に自分の強い志を信じてもらえるようになったのです。

二〇一四年の夏、私は「全脳アーキテクチャ若手の会」という組織をつくりました。五年ほど続けた現在は、フェイスブックで二五〇〇人ほどが参加する大きな組織に発展し、関東、関西、九州、東北に地域ごとの支部や、高校生支部、社会人支部といった世代ごとの支部があります。この会を通して、所属や世代、立場を超えたさまざまな取り組みが行われています。

どんな立場の、どんな専門性の方でも一緒に取り組めるような工夫を盛り込んで、日々、開発が進んでいます。

最近では産官学の連携をめざし、経済産業省、文部科学省、国土交通省など省庁に所属する若手の方々とも協力して、本気でドラえもんをつくるための活動を展開しています。

ここにはあげきれませんが、ドラえもんをめざしているからこその活動履歴が日々、積み上げられているのです。

〈要因❸〉仲間、チーム

小さいころの私は、「自分の力でドラえもんをつくる」という意識でいました。でも、そこがまちがいでした。当たり前ですが、一人でつくるなんて無理だったのです。

いま、私のまわりにはほんとうにたくさんの、信頼できる、さまざまな分野で活躍する仲間がいます。そんな仲間がいままで増えてきたように、これからもどんどん増えていき、どんどんいいチームになっていく。そんなチームとともに進む未来を想像すると、私にはドラえもんができるとしか思えないのです。

じつのところ、私が「ドラえもんをつくる」と胸を張って言えるようになった一番のきっかけは、本気で夢を信じてくれる仲間たちとの出会いでした。そんな仲間たちの存在が、ドラえもんをつくれるという自信の一番の根拠なのです。

ドラえもんは仲間を切り捨てない

ふりかえってみると、私は子供のころは、必ずしも人のことを考えて行動するタイプではなかったかもしれません。

工業高校に入りましたが、成績は悪く、落ちこぼれでした。授業に追いつくための勉強会を自分で開いたりしていたのですが、それは「助け合い」というよりは、たんに効率的に成績を上げる手段にすぎませんでした。

ところが、学期末テストの直前に大好きだった祖父が急に亡くなり、病院にかけつけたり、お通夜に出席したりして勉強ができませんでした。そのとき、友人たちが助けてくれたのです。

自分には「助け合い」という気持ちがなかったにもかかわらず、友人たちは助け合いの温かい心をもってくれていたのです。なんだか自分が恥ずかしくなって、それが変わるきっかけになりました。

「利害関係ではなく、別の何かでつながってくれている人たちがいる。こういう人を裏切ることはできない」と思ったのです。それ以降は、私もこの人たちのためにできることを、全力でやろうという思いを抱くことになりました。

そういう関係を続けてきたら、私が渡したものが倍になって返ってきて、その倍を返そうとしたら、さらに倍になって返ってくるというように、どんどん大きくなっていきました。

高校の卒業時には、私が学科の首席として卒業することができました。落ちこぼれの自分が首席にまでなれたのは、友達のおかげです。助け合いの心の勝利でした。これが一つの成功体験になりました。

大学に入ってからも同じことがありました。私は工業高校でプログラミングばかりしており、大学には推薦で入学しました。すると、大学受験をして入ってきた人とはまるで学力が違ったのです。

同じ試験を受けると、成績はいつも下のほうです。入学したときの最初の英語の実力テストは、一〇段階のいちばん下でした。ただ、高校時代の成功体験の感覚が残っていたため、大学でも仲間をつくって、仲間を大切にしていれば上がっていけるのではないかと考えたのです。

実際にそのとおりになり、自分ができることはやり、友達からはたくさん助けてもらって成績が上がっていきました。そのおかげで、大学もいちおう首席で卒業というかたちになりました。

逆の経験もしました。

大学時代には、児童ボランティアのサークルで活動していました。学園祭のときには、屋外で駄菓子屋や子供向けブースをつくったり、屋内では一部屋を使って人形劇、影絵劇、工作教室などを行ったりしました。

子供向けのコンテンツをたくさん用意し、着ぐるみをつくったり、着ぐるみで外をまわったり、学園祭の四日間、いっさい飽きさせないという方針で、来てくれた子供たち全員と遊びました。

アルバイトもすべてやめて、学園祭に専念しました。トップダウンでビジョンを示し、

「これをやります」「次はこれをやります」と言ったら人がついてきてくれて、会としては大成功を収めたかに見えました。でも、私と意見が分かれた人たちが少数派になり、彼らはサークルに来づらくなってしまったのです。

「ああ、すべて台無しだ」という感覚になりました。

まわりの人からは大成功と言われましたが、まったくそうは感じられませんでした。私とかかわらなくなった一人ひとりの顔を何度も思い出しました。いまでも後悔しています。

ドラえもんづくりにおいても、切り捨てた人が一人でもいるなら、自分としては気持ちがついていきません。ドラえもんができたとしても、誰かの〝じかばね〟の上に立ったドラえもんという感じがしてしまいます。

ほんとうにあったかいドラえもんをつくって、仲間を切り捨てることなく、仲間を増やしていきたい。そういう世界観をもって開発するドラえもんでありたいと思っています。

全員がフラットな関係でドラえもんをつくる

サークル活動を通じて、私にはトップダウン式の組織のあり方は向いていないことがわかりました。それならば、仲間と一緒に、どんな組織をつくればいいのか。

私は、中学・高校の部活動はバレーボール部でした。たいしてうまくないのですが、中学時代は部長を務めていました。

高校入試の面接で、

「バレーボール部の部長として、いちばん大切にしていることは何ですか?」

と聞かれたときに、とっさに、「雰囲気づくりを大事にしています」と答えたことを覚えています。

バレーボールはコートが狭いので、一人ひとりの表情がよく見えるスポーツです。失敗して暗い顔をしていると、チームメンバーにすぐに伝わります。負けている厳しい状況のときでも、一本決めただけで、全力で喜びながらハイタッチをして、いい雰囲気づくりをしないと、みんなの気持ちが高まっていきません。

いまふりかえってみると、高校入試の面接で答えたことはまちがってはいなかったと思います。いい雰囲気のなかでこそ、達成できるものもあります。

大学の授業では、体育でなにげなくバレーボールを履修しました。

毎回、ランダムにチーム分けをし、前半はチームごとに練習して、後半は試合をする。

リーダーを決めるわけではなく、全員がフラットな人間関係のなかで、うまい人もへたな人も、みんなが楽しそうに、充実感をもって取り組んだのです。

このときに、リーダーがいないかたちの組織でも、いい雰囲気をつくっていけば成果が上がることを知りました。それに魅了されて、卒業までに一〇コマくらい体育の授業をとりました。

この経験は、のちのちの組織づくりのために、非常にいい経験になっています。

それぞれの専門性を持ち寄ってドラえもんがつくられる

私のドラえもんづくりのアプローチは、ＡＩと認知科学と神経科学の研究を合わせたような、総合的な「知能」づくりです。もちろん、私一人でできることではありません。

そこで、さまざまな分野の人がフラットに議論し、情報共有できる場をつくったわけです。それが一六四ページで紹介した「全脳アーキテクチャ若手の会」です。若手研究者だけでなく、老若男女が参加し、ビジネスパーソン、起業家、ライター、小説家、漫画家、医者、ダンサーなどもいます。

フェイスブックに登録している二五〇〇人のうち、これまでイベントには一九〇〇人ほどが参加してくれました。運営に携わってくれているメンバーは、そのうち二〇〇人ほどです。

会の目的は定めていません。名目上の代表はいますが、リーダーという役割ではありません。代表が「会場はこちらです」と、会場の外で案内役という名の雑用に徹している一方で、はじめて参加した人が司会や講演者として前に立つということもよくあります。

会のなかでは、たとえ六十代、七十代のシニア世代の方に対しても、大学生や、場合によっては高校生も「それは違うと思います」と言って議論することが日常茶飯事です。でも、議論が終われば、みんな仲よくご飯を食べにいったりしています。

私としては、〝ウニ〟のような組織ができればいいと思っています。みんながバラバラの方向を向いているけれども、なかにはすごくおいしいものが詰まっている。無理に方向性をあわせたりせず、バラバラのままでいい。でも、社会を変えるエネルギーが蓄えられていく。そんな組織です。

誰が上とか下とかではなく、「この人を支えたい」という人がいれば、全力で支える。お互いに完璧ではないのですから、支え合うかたちがいいと思っています。

誰もが不完全だから助け合うのがドラえもんの世界観

ドラえもんに出てくる登場人物は、みんな不完全です。のび太も、ジャイアンも、スネ夫も、しずちゃんも不完全。パパもママも不完全です。その不完全性が共感を得たりしながら、作品のおもしろみを生んでいます。

不完全だからこそ、人と人が助け合ったり、人とロボットが助け合ったりする。それが、感動につながっています。

のび太のもっている劣等感は、誰もがもっているものではないかと思います。その劣等感をどうしていいかわからない。うまく言えないけれど、誰かに助けてほしい。そんなのび太を助けてくれるのが、ドラえもんです。ジャイアンも自分のことをうまく表現できなくて、暴力などに走ってしまいます。

私は、児童ボランティアの活動をずっとやってきましたが、子供たちを見ていて、誰もが「のび太性」や「ジャイアン性」をもっているのではないかと感じました。

のび太とジャイアンを、ＡＤＨＤ（注意欠如・多動症）と見ている人もいます。のび太が注意欠如、ジャイアンが多動だそうです。ただ、それは欠点ではなく、その特徴を前向きに思わせてくれるのが、ドラえもんです。助け合いながら、不完全な面をみんなで補い合っています。

のび太を助けるドラえもんも、不完全な子です。性能が悪いロボットという設定ですし、ドラミちゃんにはぼろ負けです。ドラミちゃんのほうが性能が高く、賢くて、強い。

でも、ドラえもんは性能はポンコツでも、心に関しては、ほんとうにすばらしいものをもっていて、不完全なのび太と不完全なドラえもんが手をとりあいながら成長していきます。そこがドラえもんのすばらしい点です。

私は、個人的には、ひみつ道具が出てこないドラえもんの話が大好きです。「おばあちゃんの思い出」「のび太の結婚前夜」「帰ってきたドラえもん」など、いろいろありますが、ドラえもんとのび太など、登場人物たちの温かい人間関係が描かれている話は、ほんとうに前向きな気持ちになれます。ドラえもんにグッときます。

そういう世界観のドラえもんをつくるのですから、ドラえもんづくりにおいても仲間と助け合うということが、絶対的に必要だと思っています。そうでないと、ほんとうのドラえもんにはなりません。

へたなプログラムでも自由に書いていいプラットフォーム

いま開発しているのは、誰でも自由にプログラムを書くと、それがロボットの一部に組み込まれるソフトウエア・プラットフォームです。どんなにへたなプログラムでもバグを起こさずに、上手なプログラムのなかに組み込まれて、ちょっと味を出すという設計です。

このソフトウエア・プラットフォームができれば、ものづくりを出発点にもどせると思っています。

子供のころに、段ボールやトイレットペーパーの芯《しん》などを自由に使って、自分なりにペタペタと貼りつけて作品をつくっていくことから、ものづくりを始めた人が多いのではないかと思います。少なくとも、私はそうでした。ものづくりが好きになって、どんどん深みにハマっていって、ものづくりの道に進みました。

ところが、大人になると、つくったものに対して、

「これ、何の役に立つんですか？」

「どうしてこういう設計なんですか？」

と聞かれるようになりました。

へたくそなものや、役に立たないものは、バカにされます。そうなると、楽しい部分を消し去ったようなものづくりになりがちです。新しい価値を追求するためにしているものづくりさえも、既存の価値軸に当てはまっているかで測られることがよくあります。

私は、「どうやったら楽しさを取り戻せるのかな」と考察して、「へたくそでもいい。その人のやりたいことを自由にできたほうがいい」ということに行き着きました。それを実現できれば、子供のころのものづくりの感覚にもどせます。

そして、プログラムで実現させようと設計したのが、先ほどあげたソフトウエア・プラットフォームです。「どんなプログラムが組み込まれても、プログラムを邪魔しないし、味になる」というプラットフォームがあれば、みんなが一生懸命にプログラムを書いてみたくなります。

プログラミングを覚えたての小学生が書いたプログラムもロボットの動きの味になるとしたら、きっと、ものづくりが楽しくなります。そういうかたちで、ものづくりの根本に立ちもどれるようなプラットフォームにしたいと思っています。

こういうプラットフォームをつくるために、ずっと研究を重ねてきました。

修士二年のときには、脳の前頭前野の領域の細胞を真似した機械学習の手法のようなものを研究しました。わかりやすく言うと、学習済みのものも、学習していないものも、うまく調停して一つのシステムとして動かす手法です。

たとえば、八〇パーセントの精度が出せる識別器と、八五パーセントの精度が出せる識別器の二つを用意して、それを調停することで、八七パーセントの精度が出せるというものです。

ほかにも、サッカーをするプログラムAと、サッカーをするプログラムBを入れると、サッカーをするプログラムCができます。できあがったプログラムCは、プログラムAよりも、プログラムBよりも、少し上手にサッカーができる。そんなプログラムなら、書いてみたいと思うのではないでしょうか。

この修士二年のときの研究を前提にしたのが、ソフトウエア・プラットフォームです。上手なプログラムにへたなプログラムが入ってきたときに、上手なプログラムよりほんの少しレベルの高いプログラムができあがる仕組みです。

この仕組みがあれば、みんなが自由にプログラムを書いて、ロボットに入れたくなります。へたなプログラムを入れても、ロボットのプログラムを邪魔しないで、プログラムに新たな味を加えてくれます。

自分以外の人がプログラムを加えてくれますから、自分だけでつくっていたら一生見ることができなかった世界が見えてきます。その人がプログラムに参加してくれたドラえもんと、参加してくれなかったドラえもんでは、おそらく、まったく別のドラえもんになっています。

みんなが参加してつくることで、ドラえもんはいろいろな味をもつようになるのです。

専門分野の掛け算が新たな価値を生む

高校生や大学生からインタビューを受けると、必ずと言っていいほど、

「やりたいことがない学生にアドバイスしてください」

と言われます。

そんなときの私の提案は、「ダーツで決めよう」です。

ダーツではなく、くじでも何でもいいのですが、暫定的に何かを決めて、とにかくそれをやってみるのです。それだけでいいのではないかと思っています。

私はドラえもんをつくりたいと思っていますが、なぜつくりたいのかをうまく説明することができません。たまたま与えられたものでしかないと思います。でも、与えられたものを軸にして、ほかのことを整理してきたことで、どんどん考えが広がってきました。

ある後輩と飲みにいったときに、

「やりたいことがなくて、困っているんですけど」

と相談を受けました。私は、

「ここに居酒屋のメニューがあります。目を閉じて、メニューを指差してください。あなたは、指を差したものの専門家です。一週間かけて、それを徹底的に研究してください」

と言いました。

やってもらったら、あろうことか「四八〇円」を指差していました。

しかたないので、

「じゃあ、一週間後までに四八〇円の専門家になってね」

と言いました。

一週間後、後輩は、

「四八〇円の専門家になってきました」

と私に言ったのです。そして、こう続けました。

「四八〇円で買える、あらゆるものを調べてきました。どんな人のどんな悩み事でも四八〇円で解決策が出せます」

一週間かけて調べつづけるだけで、何かの専門家になれるし、特技をもてるということがほんとうによくわかりました。

一週間で専門家になれるのであれば、それを十週間やると一〇個の専門家になれます。その一〇個の組み合わせの専門家は、おそらく日本にはいないはずです。

たとえば、一週間で一〇〇人に一人くらいのレベルになったとします。もし、それくらいの能力を二つ獲得したら、両方ともができるという意味では一万人に一人の人材になれるはずです。

同じように三つ組み合わせたら、一〇〇万人に一人、四つ合わせたら一億人に一人、とどんどん増えていって、たとえば一〇個組み合わせるなどということになったら、おそらく同じスキルをもっている人は、ほかにいないというレベルになるはずです。

専門分野が組み合わさったときの爆発力は非常に大きなものになります。これは、いまの時代の価値の出し方に適しています。専門性の掛け算がうまい人ほど、高い価値を生み出している時代です。

ある特定分野で一位にならなくても、いくつかの分野で、ある程度の専門性をもっていれば、それらを組み合わせることで、ほかの人には出せない価値となります。

私自身をふりかえってみても、どの分野でもまったく一位ではありません。でも、ＡＩと神経科学と認知科学を組み合わせて研究している若手研究者はめずらしいかもしれません。

加えて、自分の研究がドラえもんという夢と掛け算され、つくったコミュニティや仲間たちが掛け算され、実際につくったロボットが掛け算されると、ほんとうに独自性に関して自信をもつことができます。

点《ドット》と点《ドット》がつながるコネクティング・ドッツが価値を生むといわれますが、それがいまの時代の価値の出し方ではないかと思います。

「全脳アーキテクチャ若手の会」では、一人の学生が最大半年かけて一つの分野について徹底的に研究し、二時間のニコニコ生放送で講演会を配信するということをやっています。どんなツッコミにも答えられるくらいの知識と、洗練された資料づくりが求められます。

自分の専門分野以外のことを研究するのですが、半年たつと、「この分野と、この分野の両方ができる学部生なんて、この人以外にいないよね」という状態になります。

軸を掛け算することで見える視界が急激に広がり、トップに食い込めるくらいの人材に成長していきます。実際、各大学・大学院の首席卒業者など、十数人のスターが「全脳アーキテクチャ若手の会」から生まれています。

ある後輩は画像認識の研究室に所属していましたが、脳の海馬の研究をすすめたところ、半年間、真剣に海馬の研究を続けました。そして、画像認識と海馬の両方が得意になったことで、医療画像解析のベンチャー企業とつながりました。景色が変わった瞬間に、伸び方もふるまい方もすべて変わっていったのです。彼は留学し、さらに成長していきました。

ほかにも、専門領域の組み合わせによって、新たな価値を生み出している人はたくさんいます。

ドラえもんづくりに協力してくれている人たち

ドラえもんづくりには、さまざまな専門分野の人がかかわってくれています。それが掛け算になって、さらにすばらしいドラえもんが生み出せると思っています。

このような掛け算は、自分のなかだけでするものではないと思っています。大切な仲間たちと掛け算をし合うことで、独自性の高いチームになっていくのです。

大学生で、メンヘラテクノロジーという会社の社長を務める高桑蘭佳《たかくわらんか》さんは、ロボットのプロモーションをしてくれています。彼女はテレビにも出ている人気者で、ロボットのコンテンツをつくって広げています。

さらに、高校生たちとも連携して、ロボットと一緒に過ごす学校生活といったテーマで、ロボットをもっていろいろなところへ行き、ロボットとの生活を試してくれたり、「このロボットの名前を考えよう」というキャンペーンをしてくれたりしています。

私は孫正義育英財団にも所属していますが、この財団には、東京大学ではじめて看護分野で総長賞をとった人がいます。私と仲がよく、看護の視点をいつも教えてもらっています。ロボットをつくる合宿を開くと、彼が来てくれて、看護の視点も含めてディスカッションしています。

同じく、孫正義育英財団の仲間が、あるとき、こんなことを言いました。

「ぼくはいま、がん細胞を光らせる研究をしている。遠い未来かもしれないけど、いつか、ぼくがつくったがんを光らせるスプレーを、大澤さんがつくったドラえもんのポケットから出す未来がきたらいいな」

それを聞いたときに、非常にうれしい気持ちになりました。私がつくらなくても、仲間たちがひみつ道具のようなものを開発してくれる。そうやって一緒につくっていくのがドラえもんです。

ドラえもんのポケットから出てくるひみつ道具がそのままできるかどうかはわかりませんが、それに匹敵《ひってき》するくらいのワクワクするものはできると思います。がん細胞を光らせるスプレーができたら、ドラえもんのひみつ道具と同じくらい世の中に貢献することができるはずです。

ロボットづくりも、ひみつ道具づくりも、プロモーションも、多くの仲間たちと一緒にやることで、ドラえもんに一歩ずつ近づいている気がします。

ドラえもんづくりを陰で支えてくれている人たち

自分が気づいていないところで支えてくれている人がいることも、忘れてはいけないと思っています。

ディープラーニングは、大量の計算機資源を使って計算しますが、計算には膨大な電気エネルギーが使われています。

一度、火力発電所を見学し、技術者の方々からお話を聞きました。私は技術というものに対してリスペクトを抱いていますが、技術者の方々の姿は、まさにリスペクトの対象そのものという感じでした。

彼らは火力発電の機械を自分の体のように扱っていて、技術に対する思いも教えてもらいました。自分も技術者の側面があり、技術者の方々への感謝や憧れが入り混じった感情があふれて、火力発電所のなかで涙してしまいました。

現在のロボットも、いずれできるドラえもんも、バッテリーでしばらくは動かせるとはいえ、電気がとまったら動かなくなります。それまで気がつかなかった電気というものの存在感をものすごく感じました。

「背中を預ける」という感覚を私は大切にしていますが、発電所の技術者の方々と接して、「この人たちには背中を預けられる」と思いました。この人たちがやってくれているから、自分はやれることに集中できるんだ、と。

ドラえもんづくりは、表ではＡＩ研究者、ロボット技術者などが中心となって動いているように見えるかもしれません。でも、まったく違います。膨大な数の支えがあって進んでいるのです。

たくさんの方に支えてもらってドラえもんづくりをしているわけですから、みんなで一緒にドラえもんをつくっていると言っていいだろうと思います。

それぞれの専門の方に、背中を預けて、支えてもらうことで、私たちはドラえもんづくりに集中できるのです。背中を預けられるのは、いちばんいいチームだと思います。いまの私は、背中を預けられるたくさんの人に支えられています。

ビジネス分野の人たちにも協力してもらう

私はこれまで、「ドラえもんをつくって、目の前にいる人を幸せにしたい」という思いでやってきましたが、投資家の方と話をすると、

「それじゃあ、この社会においては勝てないよ」

と言われました。

ドラえもんをつくりたいという思いだけで認めてもらえる世の中ではない、ということ

がわかりました。投資家の方にも理解してもらえるようにしないと、ドラえもんづくりは進んでいかないかもしれません。

そこで、説明の仕方を考えて、話をするトレーニングをしたのです。

まず、自分のなかでロジックとモデルをつくり、人に話して聞いてもらいました。仲のいい人にも「聞いて」「聞いて」と言って、聞いてもらい、研究領域が違う人にも、「最近考えている研究を聞いて」と言って話しました。領域が違うから意味はわからないだろうと思って話すと、予想外にかなり理解してくれました。

人に話して新たな視点をもらうつもりではなかったので、フィードバックは求めませんでした。でも、聞いている人の表情を見ていると、「こういう話し方をすると相手が乗ってきた。こういう話のときには乗ってこなかった」ということがわかってきます。相手の表情や感覚を見て、どういう話し方をすればいいかを研究しました。

話をするのは苦手なタイプでしたが、最近は、自分のやっていることをある程度、説明できるようになってきました。ビジネス界の人には、ビジネス的な話をして伝えるようにしています。

ドラえもんをつくって、世の中をよくしたいというのは、ビジネス界の人から見ればバカみたいな夢かもしれません。でも、私は、バカみたいな夢が世界を変える側面があると思っています。

こうした夢を追うために、仲間たちが会社を立ち上げてくれました。私は会社に直接関与はせず、株をもっているだけですが、会社名は「ブルーム」としました。

ブルームというのは、青くさい夢、つまりブルーとドリームのことです。ブルームという言葉には、「花が咲く」という意味もあります。

青くさい夢からいつか花が咲けばいいと思っています。私たちの思いが、この会社名に詰まっています。それはドラえもんだけではありません。世界じゅうの青くさい夢を花咲かせてやりたいのです。

バカげた夢や青くさい夢は、なかなか口にしにくい世の中です。

「もっと夢を語ろうよ」

「青くさい夢を語ってもいいじゃん」

という活動も広げていきたいと思っています。

第5章
HAIのテクノロジーが日本から世界へ

世界のHAI研究は、日本がリードしている

「日本はAI開発でアメリカや中国に後れをとっている」とよく言われています。たしかに、AI関連の特許出願件数では、日本企業はアメリカや中国の企業の後塵《こうじん》を拝しています。AI研究の大学世界ランキングを見ても、トップテンはほぼアメリカの大学で占められています。

しかし、HAIの分野においては、日本が世界のトップです。この点は、ぜひ知っておいていただければと思います。

HAIの国際会議は、毎年開催されています。HAI分野は、論文採択率が四〇〜五〇パーセントくらいで、二本に一本通るかどうかという国際会議です。難易度としては、中堅クラスといわれています。

そのHAIの国際会議で通った論文の約半数は日本からです。

HAIの研究領域は日本から始まり、日本が世界に広げています。諸外国が日本を追いかけていますが、やはり日本が強いです。この分野は、日本的な発想がとくに生きる研究

領域だからです。

たとえば、日本語に「人目を気にする」という言い方がありますが、欧米の留学生に聞くと、「人目」という言葉は英語にないそうです。

ですが、これはＨＡＩにおいて、とても重要な概念といえます。外国の人たちからしたら、母国語にないような概念を研究することになりますから、日本人が得意であるということもうなずけます。

他人に見られていると思い、他人とのかかわりのなかで自分の言動を律していく意識が強いのが、「人目を気にする」ということです。これはまさに、人とのかかわりを強く意識しているＨＡＩの領域といえます。

「自分は自分」「他人は他人」という考え方が強い国では、独立性の強いＡＩが開発されやすいですが、日本のように「他人とのかかわり」をいつも意識している国では、人とかかわりをもつことを前提にしたＨＡＩの技術が発展しやすいはずです。

ディープラーニングのような、人がかかわらずに完結するＡＩの分野はアメリカが圧倒的に強いですが、人がかかわるＨＡＩのパラダイムに入れば、状況は変わります。いま、お話ししたように、欧米には「人目」という概念や言語が存在しないのですから、ＨＡＩ分野を研究するのは容易ではありません。HAI分野では日本が強みをもっているのです。

日本の文化が生かせるHAI研究

昔から日本は、自然と共存する文化です。それに対して、海外は自然を支配する文化です。SFの世界でも、とくに日本のSFは、人間とさまざまなものが共存するストーリーがほとんどです。

「ドラえもん」は、ロボットであるドラえもんと、のび太たち人間との共存の話です。海外のアニメには、ロボットか人間かのどちらかが他方を支配するストーリーが少なくありません。

人間とロボットが共存し、協力することで、より大きな効果が上がるHAIの事例が出始めていますから、「ようやく日本の時代になった」ともいえます。そんなこともあって、最近は政府機関も「ドラえもん」に関心をもちはじめているようです。AIと人間の共存というビジョンです。

これまでに述べたように、HAIの基本となるのは「他者モデル」であり、「意図スタンス」です。他者に心があると想定できるのかどうか、ロボットに心があると想定できるのかどうかです。

日本の場合は、あらゆるものに心を想定できる文化があります。山にも川にも森にも岩にも神様がいるという考え方が根づいています。これは、自然界のあらゆるところに神様を感じているということであり、言い方をかえれば、自然界に心を感じているということです。

悪い行いをして痛い目にあったときには、「神様がお怒りになられた」というような言い方をします。

「山の神がお怒りになられた」

「川の神がお怒りになられた」

というのは、山も川も、人間と同じように心をもった存在ととらえていると見ることもできます。

心を感じるかどうかは、対象が人間かどうか、生物かどうかで決まるわけではありません。非生物も含めてあらゆるものに対して、心というものを想定することができます。日本人は自然界のあらゆるものに対して心を想定してきた文化がありますから、ロボットに対しても心を想定しやすいのではないかと思います。

そういう面でも、HAIの領域では、日本の研究が世界をリードすることができるはずです。

HAIで解決できないものはない？

「AI時代に、日本の勝算はありますか？」

と聞かれることがありますが、従来の土俵では勝算は少ないと思っています。

現在のディープラーニングは、大量のデータを集めて大量の計算機資源を投入すれば精度が上がるというものです。

データをどうやって集めるかというと、インターネットです。現代のAIの戦いは、じつはインターネットの世界で勝ったところが絶対に勝つように設定されているゲームともいえます。そういったゲームをアメリカがデザインしているわけですから、その土俵で戦えば、アメリカが勝ちます。

日本がAI技術を圧倒的に高めたとしても、インターネットで負けているかぎり、大量のデータを集めることはできず、アメリカに勝つことは難しいでしょう。

「日本は、インターネット時代に負けて、ＡＩ時代にまた負けた」と言う人もいますが、「また負けた」わけではないのです。「負けつづけている」のです。しかも、それに気づいていないわけですから、海外の思惑どおりです。ほんとうに勝ちたいのならば、そもそも日本が勝負すべき土俵が違うのではないでしょうか。

アメリカのつくった土俵の上で戦えば、アメリカが勝ちます。日本が勝つためには、自分たちが土俵をつくって、そこで戦う必要があります。遠まわりに見えるかもしれませんが、土俵づくりがいちばん重要なのです。

そのためのいい土俵の一つが、日本が得意とするＨＡＩである、と私は強く思っています。だからこそ、ＨＡＩの土俵をつくっていくことが重要です。

ビジネスパーソン向けに講演をすると、会社内での悩み事を相談されることがあります。私は、ＨＡＩの観点からアドバイスできないことはほぼないと思っており、「この研究は参考になりませんか」と言うと、喜んでもらえることがけっこうあります。

現代のシステム開発で、人との接点がないものはなかなかない。となれば、人とかかわるＨＡＩは、日常の悩みの解決に役立てることが可能です。高度な技術だけを追い求める

ＡＩ研究と決別し、ほんとうに社会生活に必要なＡＩのシステムをつくることができます。

「ディープラーニングにできないことはない」というのが世の中の常識のようになっていますが、ディープラーニングの技術では解決できない人間の悩みはたくさんあります。むしろ、ＨＡＩを社会実装したほうが、人間どうしの問題解決につながる可能性が大きいと思います。

ＨＡＩは、ビジネス分野だけでなく、医療、介護、教育、福祉の分野での問題解決につながりますし、家庭内の問題解決にもつながる可能性があります。ＡＩよりもはるかに多くの分野でＨＡＩが必要とされるのではないでしょうか。

ＨＡＩ技術で、エージェントがあらゆるものに乗り移る

キャラクターが乗り移るシステムは、「イタコシステム」と名づけられています。イタコシステムの技術を使うと、現在、ミニドラをめざしたエージェントが抱えているデメリットを解消することができます。

エージェントとしりとりをするときに、こちらが「りんご」と言って、エージェントが

「ドラ」と答えると、「ゴリラ」と予測している人には「ゴリラ」と聞こえます。予測することで、エージェントの言うことが読み取れるわけですが、これがデメリットになる場合もあります。

エージェントに「明日の天気は？」と聞いたときに、「ドラドラ」と言われて、「晴れ」を予測している人には「晴れです」と聞こえ、「雨」を予測している人には「雨です」と聞こえてしまっては、意味がありません。

エージェントは「晴れです」と伝えているつもりでも、「雨です」と受け取られる恐れがあり、意図を正確に伝達できないデメリットを抱えています。

でも、乗り移る技術を使うと、エージェントはスマホにも、パソコンにも自由に乗り移ることができます。

スマホに乗り移れば、エージェントが「ドラドラ」と言いながら晴れマークを出すなど、いろいろな方法で意図を伝えることができます。エージェントのデメリットが解消されて、人とのコミュニケーションがさらに上手になります。

いろいろなものに乗り移って、意図を伝える技術が多様化していけば、「ドラドラ」という言葉だけで、ある程度の意思伝達ができるようになるはずです。

ミニドラが〝乗り移る〟ことで実現すること

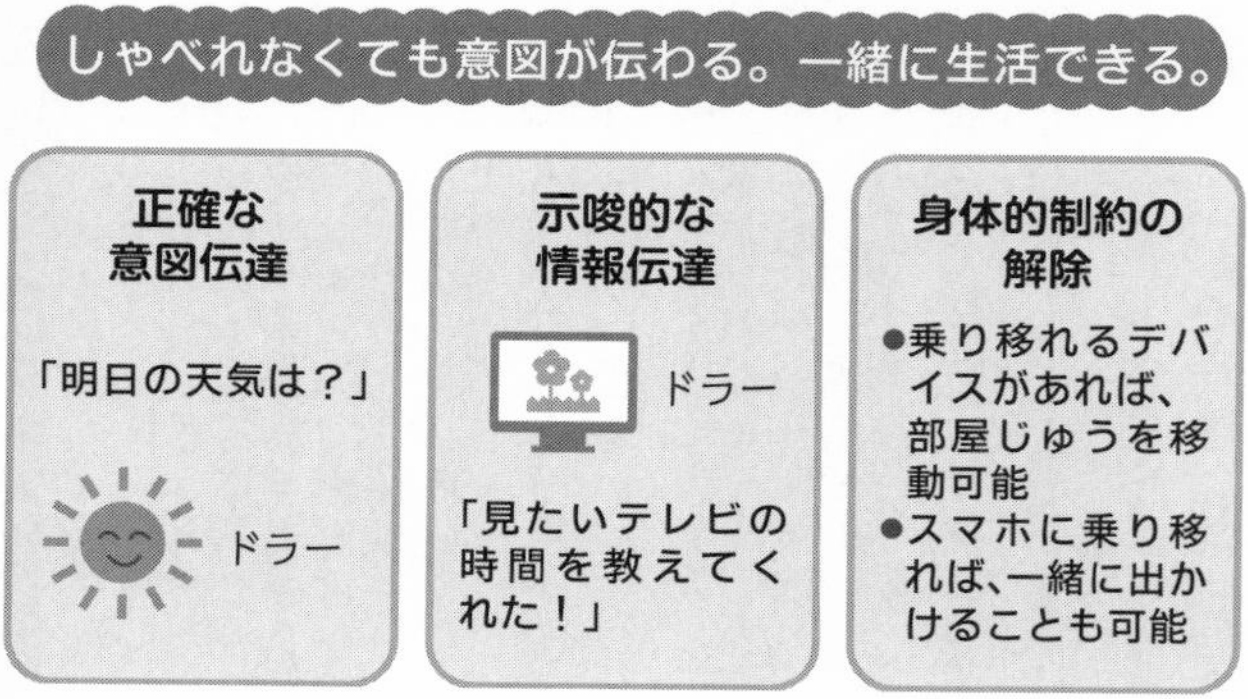
しゃべれなくても意図が伝わる。一緒に生活できる。
正確な意図伝達
「明日の天気は？」
ドラー
示唆的な情報伝達
ドラー
「見たいテレビの時間を教えてくれた！」
身体的制約の解除
●乗り移れるデバイスがあれば、部屋じゅうを移動可能
●スマホに乗り移れば、一緒に出かけることも可能

見方を変えれば、「グーグルホーム」の自然言語を話さない版です。

「OK、グーグル」と言っていたのが、私たちのエージェントを呼ぶことになります。人工物のAIシステムに話しかけるというイメージではなく、お友達に話しかけるイメージです。

「グーグルホーム」を使っているのは技術好きな人が多いですが、私たちのエージェントなら、子供や女子高生、おじちゃん、おばあちゃんまで、みんながかわいいと思ってくれるはずです。

「グーグルホーム」を使っている人は、「便利なものだから」という理由で使っているかもしれませんが、私たちのエージェントの場合は、「かわいいから」「楽しいから」「お友達だから」という理由で話しかける人のほうが多いだろうと思います。

便利な「グーグルホーム」に「エアコンをつけて」と言って、「グーグルホーム」が「わかりました」と答えたのにテレビがついたら、設計が悪いと思って腹が立つかもしれません。
私たちのエージェントに「エアコンをつけて」と言って、エージェントが「ドラドラ」と言ってテレビがついたら、ちょっと笑ってしまうかもしれません。むしろ、「えっ、テレビ見たいの⁉」とまったく違う解釈をされて、うまくコミュニケーションが展開されるかもしれません。

エージェントに対して、高度な便利さを求めて使っているわけではないので、多少の失敗やわがままは許してもらえます。幼い子供に同じことを頼んで、同じ失敗をしたことをイメージすれば、そんな感じがしませんか。

私たちのエージェントは、人とかかわるＨＡＩ技術によってつくられていますから、人とコミュニケーションをとるのが得意です。かかわればかかわるほどお互いの意図がよくわかるようになり、どんどん愛着が出てくるだろうと思います。

スマホに乗り移ったり、おもちゃに乗り移ったり、本に乗り移ったり、洋服に乗り移ったり、ペットボトルに乗り移ったりと、何にでも乗り移れます。

グーグルの**ＩｏＴ**（モノのインターネット）プラットフォームとしてつなげられてきたもの

は、インターネットから少し出たくらいの位置にあるテレビやエアコンなどの家電製品です。

でも、私たちのエージェントはあらゆるものに乗り移ることができるので、誰も見たことがない巨大なプラットフォームをつくれます。グーグルが強いインターネットの土俵で戦っても勝ち目はないかもしれませんが、違う土俵をつくれば十分に勝算があります。一気にステージが変わる可能性があるのです。

HAIでドラえもんと人間が協力し合う未来へ

乗り移ることができるというのは、いつも一緒にいられる存在だということです。ロボットは、家に置いて出かけなければなりませんが、ロボットがスマホに乗り移れば、一緒にお出かけできます。

「ポケモンGO」はスマホを持ち歩いて、ポケモンを捕まえてくるというものですが、スマホのなかで完結しています。

でも、ポケモンを捕まえて家に帰ってきたら、捕まえたポケモンが家の中の物体に乗り移って実体化すれば、もっと楽しくなります。ペットと同じように物理空間を共有して一緒に過ごすことができます。

ロボットは、社会に受け入れてもらえなければ生き残っていけません。

いまの世の中は、ロボットをいきなり販売しても、売れないのが実情です。現実に、世界じゅうのロボット販売会社がかなり潰れています。社会のなかに「ロボットが欲しい」というモチベーションが、まだあまりないからです。

しかし、スマホのアプリケーションにエージェントが入っていて、ちょっと便利で、ちょっとかわいいのであれば、いつでも使ってもらえます。

そうやって遊びながらハマっていって、自分だけのエージェントアプリができていく。気がつくと、「みなさんのエージェントが実体化しました」と、ロボットが発売されている。ミニドラロボットを使って楽しんでいたら、気づいたときには、ドラえもんロボットができあがっている。そんなロードマップを描いています。

ＨＡＩが実装されたドラえもんロボットができれば、のび太とドラえもんのように、人間とロボットが協力し合うことで、よりよい社会をつくっていけます。ドラえもんが困っている人にとことん向き合ってくれることで、一人ひとりが幸せになり、それがスケールして広がっていきます。

そんな未来像を描きながら、みなさんと一緒にドラえもんをつくっていければと思っています。

編集協力――加藤貴之
本文イラスト――澤田志織

PHP新書
PHP INTERFACE
https://www.php.co.jp/

大澤正彦［おおさわ・まさひこ］

1993年生まれ。2011年3月、東京工業大学附属科学技術高校を首席で卒業。同年4月、慶應義塾大学理工学部入学。2014年8月、「全脳アーキテクチャ若手の会」を設立。2015年3月、同大学を首席で卒業。同年4月、慶應義塾大学大学院理工学研究科開放環境科学入学。2017年3月、同大学大学院修士課程修了。現在、同大学大学院博士課程に在籍中。
日本認知科学会にて「認知科学若手の会」代表。人工知能学会学生編集委員。孫正義育英財団1期生。日本学術振興会特別研究員(DC1)。International Conference on Human-Agent Interaction Organizing Commitee (Sponsorship Chair) 2018-2020、HAIシンポジウム運営委員、2019-2020。

ドラえもんを本気でつくる

（PHP新書1216）

二〇二〇年二月二十八日　第一版第一刷

著者――大澤正彦
発行者――後藤淳一
発行所――株式会社PHP研究所
東京本部――〒135-8137 江東区豊洲5-6-52
第一制作部PHP新書課 ☎03-3520-9615（編集）
普及部 ☎03-3520-9630（販売）
京都本部――〒601-8411 京都市南区西九条北ノ内町11
制作協力――月岡廣吉郎
装幀者――芦澤泰偉＋児崎雅淑
印刷所
製本所――図書印刷株式会社

ISBN978-4-569-84592-0

ＰＨＰ新書刊行にあたって

「繁栄を通じて平和と幸福を」(PEACE and HAPPINESS through PROSPERITY)の願いのもと、ＰＨＰ研究所が創設されて今年で五十周年を迎えます。その歩みは、日本人が先の戦争を乗り越え、並々ならぬ努力を続けて、今日の繁栄を築き上げてきた軌跡に重なります。

しかし、平和で豊かな生活を手にした現在、多くの日本人は、自分が何のために生きているのか、どのように生きていきたいのかを、見失いつつあるように思われます。そして、その間にも、日本国内や世界のみならず地球規模での大きな変化が日々生起し、解決すべき問題となって私たちのもとに押し寄せてきます。

このような時代に人生の確かな価値を見出し、生きる喜びに満ちあふれた社会を実現するために、いま何が求められているのでしょうか。それは、先達が培ってきた知恵を紡ぎ直すこと、その上で自分たち一人一人がおかれた現実と進むべき未来について丹念に考えていくこと以外にはありません。

その営みは、単なる知識に終わらない深い思索へ、そしてよく生きるための哲学への旅でもあります。弊所が創設五十周年を迎えましたのを機に、ＰＨＰ新書を創刊し、この新たな旅を読者と共に歩んでいきたいと思っています。多くの読者の共感と支援を心よりお願いいたします。

一九九六年十月

ＰＨＰ研究所

PHP新書

［心理・精神医学］

［知的技術］